高职高专项目导向系列教材

化工设备的制造安装检测

郭宏伟 主编
韩国祥 主审

化学工业出版社
·北京·

本书包括九个学习情境，分别是压力容器制造前的准备，排料、展开及划线，压力容器材料的切割及坡口加工、筒体的卷制、封头的成形、压力容器的组装、压力容器的焊接、典型设备的制造与安装、压力容器的质量检验。

本书理论以必需、够用为度，突出应用性，加强理论联系实际。

本书可供高等职业院校化工设备维修技术专业作为教材使用，也可供其他相关专业的师生和工程技术人员参考，还可作为化工、石油企业人员的培训教材。

图书在版编目（CIP）数据

化工设备的制造安装检测/郭宏伟主编. —北京：化学工业出版社，2012.7（2023.3重印）
高职高专项目导向系列教材
ISBN 978-7-122-14474-4

Ⅰ. 化… Ⅱ. 郭… Ⅲ. 化工设备-高等职业教育-教材 Ⅳ. TQ05

中国版本图书馆 CIP 数据核字（2012）第 123938 号

责任编辑：高　钰　　文字编辑：丁建华
责任校对：顾淑云　　装帧设计：刘丽华

出版发行：化学工业出版社（北京市东城区青年湖南街 13 号　邮政编码 100011）
印　　装：天津盛通数码科技有限公司
787mm×1092mm　1/16　印张 9　字数 214 千字　2023 年 3 月北京第 1 版第 2 次印刷

购书咨询：010-64518888　　售后服务：010-64518899
网　　址：http://www.cip.com.cn
凡购买本书，如有缺损质量问题，本社销售中心负责调换。

定　　价：27.00 元

编 委 会

序

辽宁石化职业技术学院是于2002年经辽宁省政府审批，辽宁省教育厅与中国石油锦州石化公司联合创办的与石化产业紧密对接的独立高职院校，2010年被确定为首批“国家骨干高职立项建设学校”。多年来，学院深入探索教育教学改革，不断创新人才培养模式。

2007年，以于雷教授《高等职业教育工学结合人才培养模式理论与实践》报告为引领，学院正式启动工学结合教学改革，评选出10名工学结合教学改革能手，奠定了项目化教材建设的人才基础。

2008年，制定7个专业工学结合人才培养方案，确立21门工学结合改革课程，建设13门特色校本教材，完成了项目化教材建设的初步探索。

2009年，伴随辽宁省示范校建设，依托校企合作体制机制优势，多元化投资建成特色产学研实训基地，提供了项目化教材内容实施的环境保障。

2010年，以戴士弘教授《高职课程的能力本位项目化改造》报告为切入点，广大教师进一步解放思想、更新观念，全面进行项目化课程改造，确立了项目化教材建设的指导理念。

2011年，围绕国家骨干校建设，学院聘请李学锋教授对教师系统培训“基于工作过程系统化的高职课程开发理论”，校企专家共同构建工学结合课程体系，骨干校各重点建设专业分别形成了符合各自实际、突出各自特色的人才培养模式，并全面开展专业核心课程和带动课程的项目导向教材建设工作。

学院整体规划建设的“项目导向系列教材”包括骨干校5个重点建设专业（石油化工生产技术、炼油技术、化工设备维修技术、生产过程自动化技术、工业分析与检验）的专业标准与课程标准，以及52门课程的项目导向教材。该系列教材体现了当前高等职业教育先进的教育理念，具体体现在以下几点：

在整体设计上，摈弃了学科本位的学术理论中心设计，采用了社会本位的岗位工作任务流程中心设计，保证了教材的职业性；

在内容编排上，以对行业、企业、岗位的调研为基础，以对职业岗位群的责任、任务、工作流程分析为依据，以实际操作的工作任务为载体组织内容，增加了社会需要的新工艺、新技术、新规范、新理念，保证了教材的实用性；

在教学实施上，以学生的能力发展为本位，以实训条件和网络课程资源为手段，融教、学、做为一体，实现了基础理论、职业素质、操作能力同步，保证了教材的有效性；

在课堂评价上，着重过程性评价，弱化终结性评价，把评价作为提升再学习效能的反馈工具，保证了教材的科学性。

目前，该系列校本教材经过校内应用已收到了满意的教学效果，并已应用到企业员工培训工作中，受到了企业工程技术人员的高度评价，希望能够正式出版。根据他们的建议及实际使用效果，学院组织任课教师、企业专家和出版社编辑，对教材内容和形式再次进行了论证、修改和完善，予以整体立项出版，既是对我院几年来教育教学改革成果的一次总结，也希望能够对兄弟院校的教学改革和行业企业的员工培训有所助益。

感谢长期以来关心和支持我院教育教学改革的各位专家与同仁，感谢全体教职员工的辛勤工作，感谢化学工业出版社的大力支持。欢迎大家对我们的教学改革和本次出版的系列教材提出宝贵意见，以便持续改进。

辽宁石化职业技术学院　院长

2012 年春于锦州

前言

高等职业教育培养的目标是培养具有一定理论水平、有较强实际技能的职业性人才，本教材围绕技术应用能力这条主线来设计学生的知识、能力、素质结构，加强学生的基本实践能力与操作技能、专业技术应用能力与专业技能、综合实践能力与综合技能的培养，面向化工、石油建设安装单位，培养化工设备制造、安装方面的高级应用型人才。

首先，本书在作者、编者的选择上，注重行业专家与教师的结合。把三位来自实践，既有丰富的工作经验，也深切地了解行业对于人才的真实需求的行业内专家组织到教材建设中来，形成互补型的教材编写队伍，把反映化工设备制造、安装方面一线岗位所需的知识和技能，编写到教材中，力争编写出能真正达到教育目标的优秀教材。

其次，本书理论以必需、够用为度，突出应用性，加强理论联系实际。教材内容是以一台典型化工设备——氧气缓冲罐制造工艺流程为主线贯穿于全书主要部分，依据压力容器制造必须掌握的核心能力设置了九个教学情境。每一个情境包括若干个学习任务，而每个学习任务都是氧气缓冲罐及其他典型设备制造过程中真实的生产任务，知识点紧紧围绕学习任务，将实践技能和理论知识有机结合，从而把典型的化工设备制造工艺流程清晰地展现给学生。

参加本教材编写工作的有郭宏伟、韩国祥、王洪侠、孙瑞梅、刘爽，由郭宏伟担任主编。

由于编者水平有限，书中的错误及疏漏之处，敬请读者批评指正。殷切希望得到读者的宝贵意见与建议。

编者

2012 年 3 月

目录

情境八　典型设备的制造与安装　96

情境九　压力容器的质量检验　108

压力容器制造前的准备

【学习任务单】

<table>
<tr><td>学习领域</td><td colspan="2">压力容器的制造安装检测</td></tr>
<tr><td>学习情境一</td><td>压力容器制造前的准备</td><td>课时:4 学时</td></tr>
<tr><td>学习目标</td><td colspan="2">1. 知识目标
(1)了解压力容器制造前各项准备工作内容。
(2)熟悉压力容器制造前工艺及焊接准备。
(3)掌握压力容器施工图识读内容,并具有识读能力。
2. 能力目标
能够正确识读压力容器施工图,熟悉各项压力容器制造前准备工作,并能为压力容器制造做好充分的技术工作。
3. 素质目标
(1)培养学生语言表达能力。
(2)培养学生团队协作意识和严谨求实的精神。
(3)培养学生良好的心理素质和解决问题的能力</td></tr>
<tr><td colspan="3">一、任务描述
在压力容器开始实施制造前需要有大量的准备工作,首先是对接到的图纸有效性进行确认,并有效识读,进行图纸汇审,了解执行相关标准,编制铆工制造工艺指导文件、焊接作业指导文件等,本项目的学习任务是掌握主要的图纸审核及相关工艺文件正确理解,在工艺文件完成审批,材料复验合格后,便可进入容器制造的实质阶段。
二、相关材料及资源
1. 教材。
2. 压力容器制造图纸。
3. 相关法规、标准规范。
4. 相关技术资料。
5. 教学课件。
三、任务实施说明
1. 学生分组,每小组 5~6 人。
2. 小组进行任务分析和资料学习。
3. 现场教学。
4. 小组讨论,识读与分析图纸技术要求,理解相关铆工工艺过程、焊接工艺过程。
5. 小组合作,根据工艺文件研究制造工艺过程。
6. 检查与评价。
四、任务实施要点
1. 对施工图进行研读,概括了解标题栏、明细表、技术要求等内容。
2. 深入理解总图与零件图中的明细表、技术要求、管口表等要求,并对加工、装配、检验、试验、原材料等过程特殊要求有所理解。
3. 对图纸加深理解,分解出各零部件的材料、规格、形状、位置、功能、装配关系和拆装顺序。
4. 正确解读制造过程工艺卡、排版图、焊接工艺卡</td></tr>
</table>

【相关知识】

一、压力容器的制造工艺

压力容器制造工艺过程是由各单道工序集合而成，由于压力容器种类不同，所以工序也不尽相同。若将生产中零件的同一地点所连续完成的工艺过程称作为一道工序，则压力容器制造有代表性的工序大体应包括：备料、下料、坡口加工、筒体成形、组装、焊接、开孔、矫形、焊缝质量检验、热处理、装配与水压试验等。

1. 备料

备料就是按设计图样中材料规格和技术要求准备材料，这一工序主要要求备料要符合设计要求，另外所备材料尺寸还要考虑尽可能提高材料利用率并减少焊缝数量的问题。

2. 下料

下料包括划线和切割两个环节。

(1) 划线　划线是根据需要的形状和尺寸在所备材料上用石笔划出线条，以便进行切割，划线前要根据材料上的标识对材料是否符合图样要求进行确认，对变形较大的材料进行矫形。另外，划线一定要尽量节约材料，提高材料利用率。

(2) 切割　就是根据划线用切割工具将材料割开，达到所需要的形状和尺寸，切割后如有剩余材料在切割前要进行标识移植。近年来，随着设备制造业的迅速发展，数控切割、水下等离子切割和激光切割等下料方法已被广泛应用。

3. 坡口加工

坡口加工就是按焊接工艺坡口形式用工具或加工机械将板边加工成具有一定角度的斜面，以便于焊接。

4. 筒体成形

筒体成形包括两个环节。一是筒体卷制，就是将加工好坡口的钢板在卷板机上卷成筒形，这一环节要保证筒体的圆度。二是筒体纵缝的焊接，就是用焊接材料将筒体的两个直边连接在一起，形成一个完整的筒体。

5. 组装

组装就是将加工好的封头与筒体、筒体与筒体用点焊的方法对好，这一工序要保证直线度、对口错边量与筒体长度等指标符合图样和工艺要求。

6. 焊接

焊接就是将组装好的封头和筒体、筒体与筒体间的环边用焊接材料连接在一起，形成一个完整的容器。

7. 开孔

开孔就是在焊接好的筒体上按图样要求加工出各种用途的圆孔（如人孔、手孔）。这一工序包括两个环节。一是划线，就是根据图样中开孔方位、开孔尺寸在筒体或封头上用石笔划出线条，表示开孔位置和尺寸。二是按工艺要求加工开孔坡口，便于其他部件焊接。

8. 矫形

筒体经过焊接和开孔后，有时会产生局部变形，所以在容器整体装配前要进行矫形，就是用外力使变形处产生反变形，达到矫形目的。

9. 焊缝质量检验

由于各种原因，容器在焊接过程中，焊缝内部可能产生夹渣与裂纹等缺陷，所以要对焊缝质量进行检验，一般是采用射线照相方法进行检验。压力容器制造行业规范中对各类焊缝射线照相的比例有明确规定。

10. 热处理

容器在焊接过程中，由于焊缝和周边的温度差形成冷热不均，使容器内部产生应力，为消除这种应力，焊后应进行热处理。可采用整体热处理和局部热处理两种方式，整体热处理就是将容器整体加热以消除应力的处理方法，局部热处理就是对某个焊缝进行加热以消除应力的方法。

11. 装配

装配就是将加工完成的容器筒体和各部件进行组装，一般包括接管、法兰、支座及内件组装等。

12. 水压试验

压力容器整体组装完成后，进行水压试验。水压试验就是按照工艺要求的试验压力，将容器内部充满水并达到要求压力，保持一定时间，以检查容器是否渗漏。

上述加工工序虽较繁杂，但总体可归纳为以下两点。

① 成形：将原材料加工成所需要的形状，关键是使钢板变形。

② 组装：将已成形的零部件组装成完整的设备，关键是焊接。

成形和组装是设备制造的中心环节，其余各工序均从属于它们。

二、压力容器制造前的准备工作

在作为正式开始制造作业的备料与下料前，应作一定的准备工作，包括图纸的审核、工艺文件编制与审批、提料、材料的到货验收及复验等，准备工作完成与达到要求后便进入容器制造的实质阶段——备料与下料。

（一）图纸的审查

1.《固容规》对压力容器图纸的要求

《固定式压力容器安全技术监察规程》（简称《固容规》）中对于设计文件的规定与要求主要内容有：压力容器的设计总图上，必须加盖特种设备（压力容器）设计许可印章。压力容器设计许可印章中的设计单位名称必须与所加盖的设计图样中的设计单位名称一致。压力容器的设计文件包括强度计算书、风险评估报告（适用于第Ⅲ类压力容器）。装设安全阀、爆破片装置的压力容器，设计文件还应当包括压力容器安全泄放量、安全阀排量和爆破片泄放面积的计算书。设计总图应当按照有关安全技术规范的要求履行审批手续。对于第Ⅲ类压力容器，应当由压力容器设计单位技术负责人或者其授权人批准。

2. 压力容器图纸确认

在接到压力容器的图纸后，按照《固容规》对图纸的要求进行检查与核对，从有效性及先进性要求对图纸进行审核。氧气缓冲罐总装配图见图 1-1。

（1）图纸的图面要求　压力容器施工图纸的幅面和格式应符合 GB/T 14689—2008 的规定，应优先为基本幅面，必要时也可以是标准规定的加长幅面。所有图样的图面应清晰，视图应完整，图框格式、标题栏、比例、字体和线形等应符合标准的要求。零部件图样齐全，图面布置、各种尺寸、管口符号、管口方位及材料和数量等应表示清晰、正确。

（2）图纸的有效性　用于制造压力容器的图纸必须是经过图纸设计单位的设计审批程序后晒制的蓝图。设计资格印章失效的图纸和已经加盖竣工图章的图纸不得用于制造压力容器。

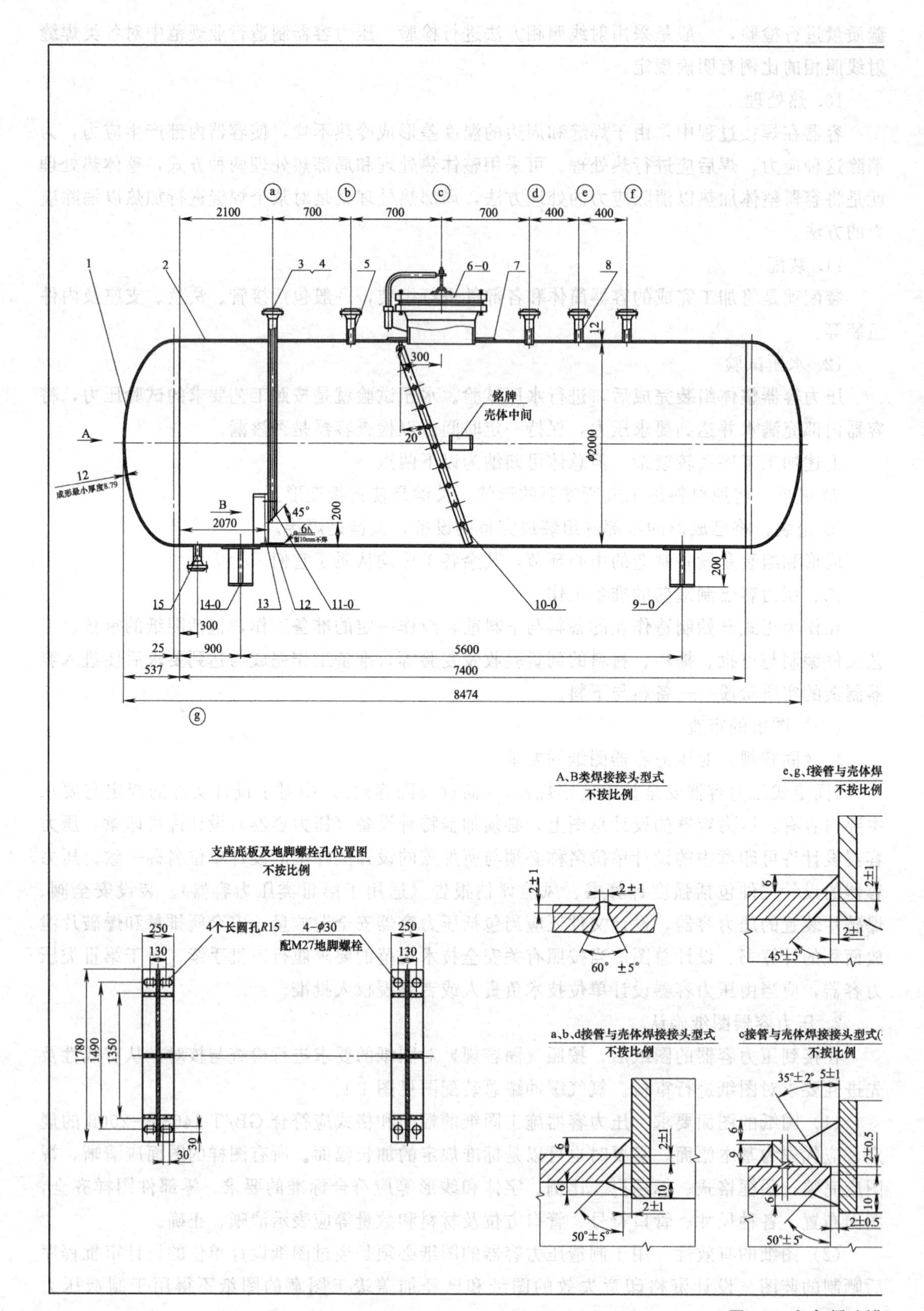
2100
700
700
700
400
400
铭牌
壳体中间
成形最小厚度8.79
φ2000
2070
5600
7400
8474
537
900
支座底板及地脚螺栓孔位置图
不按比例
4个长圆孔R15
4-φ30
配M27地脚螺栓
A、B类焊接接头型式
不按比例
60°±5°
e、g、f接管与壳体焊
不按比例
45°±5°
a、b、d接管与壳体焊接接头型式
不按比例
50°±5°
c接管与壳体焊接接头型式
不按比例
35°±2°
50°±5°

图 1-1　氧气缓冲罐

规范及规程:GB150—2011、JB/T 4731—2005及固定式压力容器安全技术监察规程				设计数据	
制造、检验要求（以下标准为有效版本）					
受压元件用钢板标准/主材/供货状态			GB713—2008/Q345R/热轧	容器类别	I
钢板超声检测标准/抽查率/质量等级				最高工作压力/MPa	0.8
开口接管材料标准			GB8163—2008	设计压力/MPa	0.98
锻件材料标准			NB/T47008—2010	工作温度/℃	常温
焊接规程			NB/T47015—2011	设计温度/℃	40
推荐焊接接头结构	对接焊接接头		见图	操作介质	氧气
	接管与壳体间焊接接头		见图	介质特性	
	法兰焊接接头		按相应法兰标准执行		
角接接头焊脚高（除注明者外）等于两相焊件中较薄板的厚度，且为连续焊。				腐蚀裕量/mm	2
焊接材料	碳钢、碳钢与低合金钢间	J427	按NB/T47015—2011及NB/T47018—2011选用	焊接接头系数ϕ	0.85
	低合金钢之间	J507		几何容积/m^3	25.7
	高合金钢之间				
	高合金钢与其他钢之间				
焊后热处理				水压试验压力/MPa	1.23
A、B类焊接接头检测标准JB/T4730-2005 检测方法/比率/质量级别/技术等级			RT/20%/Ⅲ级/不低于AB级	气密试验压力/MPa	
				抗震设防烈度	7度
D类焊接接头表面检测标准JB/T4730-2005 检测方法/比率/质量级别			MT/100%/I级	保温材料厚度/mm	
外表面除锈标准GB/T8923/除锈等级			St3	保温层施工标准	
外表面涂漆标准SH3022-1999/涂漆要求			外表面涂刷环氧树脂底漆面漆各两遍	设计使用寿命	10年
液面计接管间距允差			mm	质量 金属质量/kg	6933
对应两液面计接管中心垂线水平间距允差			mm	保温体质量/kg	
通过液面计两接管法兰中心面垂直线间的距离允差			mm	操作介质质量/kg	35.7
液面计法兰面的垂直度允差			mm	充水水质量/kg	25000
铭牌位置/铭牌座高度			见图/80	最大质量/kg	31933
管口及支座方位			按本图		

其他说明：

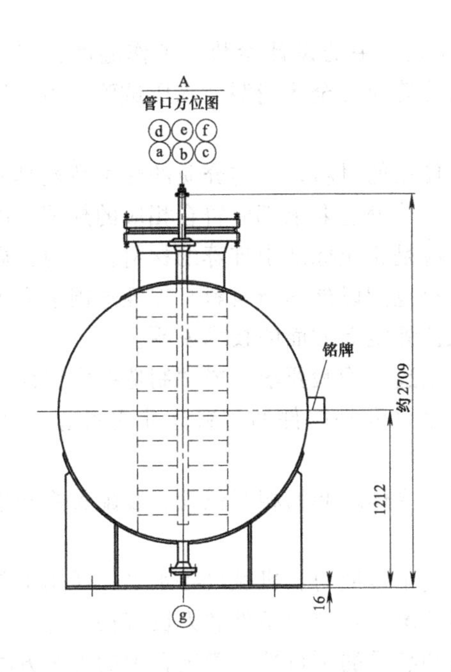

管口表

符号	公称直径	连接尺寸标准	连接形式	设备中心线至法兰密封面距离	用途或名称
a	DN50	HG/T20592—2009WN50(B)-25	RF	250	进料口
b	DN50	HG/T20592—2009WN50(B)-25	RF	250	压力表口
c	DN500	标准	RF	标准	人孔
d	DN50	HG/T20592—2009WN50(B)-25	RF	250	自立调节阀口
e	DN50	HG/T20592—2009WN50(B)-25	RF	250	安全阀口
f	DN50	HG/T20592—2009WN50(B)-25	RF	250	氧气出口
g	DN50	HG/T20592—2009WN50(B)-25	RF	200	排凝口

接接头型式

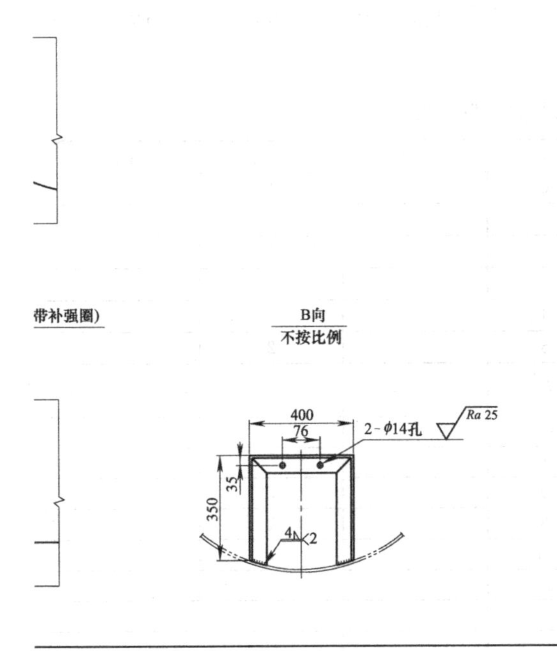

件号	图号或标准号	名称及规格	数量	材料	单质量/kg	总质量/kg	备注
15		接管ϕ57×6	1	20	0.9	0.9	L=165
14-0	JB1167—81	鞍座 B2000-S	1	Q235A/Q345R		226	
13		角钢 ∠63×63×6	1	Q235A		7.1	
12		防冲板δ=6	1	Q235A		1.2	160×160
11-0	SY-103—2003	管卡K_2-50A	1	组合件		0.3	
10-0	0615-R2-2	内部斜梯	1	组合件		30.8	
9-0	JB1167—81	鞍座 B2000-F	1	Q235A/Q345R		226	
8		接管ϕ57×6	2	20	1.6	3.2	L=215
7	JB/T4736—2002	补强圈dN500×12-D	1	Q345R		31.1	
6-0	HG/T21523—2005	人孔RFⅧ(A.G)500-1.6	1	组合件		245	
5		接管ϕ57×6	2	20	1.7	5.1	L=225
4	HG/T20592—2009	法兰 WN50-25 RF	6	20Ⅱ	3.11	18.7	S=6
3		接管ϕ57×6	1	20		15.2	L=2014
2	GB/T9019—2001	筒体 DN2000×12	1	Q345R		5146	L=7400
1	GB25198—2011	封头 EHA2000×12	2	Q345R	485.8	971.6	

标记	处数	更改文件号	签名	日期	氧气缓冲罐总图		R-201
设计			日期		阶段标记	比例	
校核			日期		施工图	不按比例	
标准化			日期				0615-R2-1
审核			日期		共2页 第1页		

总装配图

设计总图（即总装图）上应有设计、校核、审核（审定）人员的签字。在第Ⅲ类中压反应容器和储存容器、高压容器和移动式压力容器的总图上，应有压力容器技术负责人的批准签字。

设计总图上划分的容器类别应在本单位取得的压力容器制造许可证范围之内，不能接受制造许可证范围以外的压力容器图纸。

（3）技术内容的正确性　总装图上“技术特性表”中的设计参数：工作温度、工作压力、设计温度、设计压力、焊接接头系数和介质名称等应齐全无遗漏。水压试验压力、气密性试验压力应与设计压力和设计温度相对应。

主要受压元件的材料，应该是规范、标准允许使用的材料，并与介质的化学特性具有相容性。对主要受压元件的材料检验、复验要求及焊后热处理要求都应符合相应的规范、国标和行业标准的规定。技术要求中所提出的焊接材料应是相应标准中推荐的材料，且与介质的化学特性具有相容性。对规范、标准允许使用的材料范围以外的新材料必须经过国家有关部门的批准，并具有完整的材料检验、试验、焊接工艺评定等方面的技术说明。

（4）技术内容的先进性　总装图上的“设计、制造、检验要求”或“制造技术协议”中的技术要求；总装图和部件图中明细表的零件、标准件和外购件的材料标准或制造、检验、验收标准应是最新的国家或行业标准。

（5）图纸内容的一致性　零部件之间及零部件与主体之间的相互位置、装配关系和连接尺寸应明确，无矛盾。

（6）制造工艺的可行性　根据本单位现有的制造工装能力、机械设备水平、通用工艺标准、作业指导书、焊接工艺评定、库存或采购材料情况、热处理条件和人员资格条件等，审查将要制造的压力容器施工图纸及其技术要求实施和满足的可行性、确定合理的工艺方案和加工方法，确保最终制造完成的压力容器产品达到图纸及其技术文件的要求，符合《固容规》的规定。

（二）制造技术文件准备

1. 制造工艺文件

在压力容器图纸审核确认后，应就与制造工艺有关的技术准备工作，编制制造工艺文件。压力容器工艺文件目次表见表 1-1。

表 1-1　压力容器工艺文件目次表

序号	工艺文件名称	表、卡编写	份数	共页	备注
1	压力容器产品工艺文件	C2-0		1	封面
2	压力容器工艺文件目次表	C2-1		1	
3	压力容器设计图样、技术文件发放记录	C2-2		1	
4	压力容器图样设计、工艺性审查记录	A2-3		1	
5	压力容器工序流程图	B2-4		1	
6	压力容器壳体排版图	B2-5		2	
7	工艺过程卡	B2-6.1		9	
8	工艺过程卡(续页)	B2-6.2			
9	热处理工艺卡	B2-7			
10	成形工艺卡	B2-8			
11	锻造工艺卡	B2-9			
12	压力容器材料工艺消耗定额明细表	C2-8		1	
13	压力容器外购件明细表	C2-11		1	
14	技术文件联系单	C2-12			
15	工艺装备验收验证卡	C2-14			

（1）产品用料明细表　是整台压力容器产品零部件所需的板材、管材、锻件和棒料等原材料的汇总表。除注明材料牌号、规格和数量及验收标准外，还应注明钢板的宽度、长度和厚度偏差要求，管材的长度和厚度偏差要求，棒料的长度要求等。特殊要求的还应注明原材料的生产厂家或产地。上述各种要求是采购、验收、领料和发料的依据。当施工图纸中有完整的“产品零件明细表”时，可不再另外编制。

（2）制造工艺流程图　是利用现有装备条件从保证容器制造质量和具有最佳工艺性的前提，按照容器的结构特点和加工、检验及组装的技术要求而编制的加工过程顺序图。除已有“制造工艺流程图”的通用产品外，对新产品或重点产品，应根据情况另外编制简明“制造工艺流程图”。“制造工艺流程图”中应在重要工序和关键工序之后设置检查点和主要控制点（停止点）。它是生产部门安排生产和检验部门实施检验的主要依据。

（3）筒节（封头）拼板排版图和开孔图　是根据容器施工图纸中壳体（封头）的展开尺寸需要，利用现有宽度幅面和长度尺寸的钢板进行合理拼接而绘制的排版图。排版图中注明了壳体（封头）的展开尺寸、拼板数量、每块板的尺寸和相邻两块板纵向焊缝接头错开的尺寸及拼接接头的坡口形式等。“筒节（封头）拼板排版图”和“开孔图”是指导筒节（封头）下料、组对、开孔、检验及编制制造工艺过程卡和焊接工艺卡的主要技术文件之一。氧气缓冲罐壳体排版图见图 1-2。

（4）制造工艺过程卡　是针对容器零件加工、部件装配和总体组装直至容器出厂检验等过程，按加工、组装工序编制的指导加工过程、组装过程和质量检查的技术文件，也是记录实施加工、组装和质量检查部门、操作人员和检查人员及实施日期的重要的质量记录文件。氧气缓冲罐筒体制造工艺过程卡见表 1-2。

“制造工艺过程卡”应是按台进行编制的，对主要受压元件应做到一件一卡，由主管工艺员编制，工艺责任师审核、技术负责人批准后发至生产班组，随零部件的加工工序流转。每个工序完成后，操作人员、焊工和检查人员除分别填写操作记录、施焊记录和检查记录外，还应在制造工艺过程卡上签名和签署本工序完成日期，从而保证每个零、部件及整台设备质量控制的可追溯性。

（5）外购件清单　外购件指容器上安装、配套的除上述原材料以外的螺栓、螺母、垫圈、密封垫片、视镜玻璃、液位计、安全阀、压力表和阀门等。当一台压力容器产品所需的外购件种类、规格和数量较多时，即使在部件图和总装图明细表中已经注明，但为了便于采购、检验、入库验收和领料出库，还应按施工图纸的要求另外编制“外购件清单”。清单中除注明材料牌号、规格、型号和数量及验收标准外，对特殊要求的还应注明其生产厂家或产地。当施工图纸中所需的外购件数量较少，且只在总装图明细表中注明时可不再另外编制外购件清单。

（6）工艺变更（补充）通知单　当产品制造过程中遇到工艺技术问题，或原设计单位对施工图纸、技术要求提出修改后需要对原制造工艺进行修改时，应及时编制工艺变更通知单，下发给材料、制造、焊接和检验等相关部门。工艺变更（补充）通知单中要明确变更的零部件名称、工序名称、原工序和技术要求、变更后的工序和技术要求等。工艺变更（补充）通知单必须经工艺责任工程师审批后才能下发，对关键工序或主要工序的变更还应经过质量保证工程师的同意。

2. 焊接工艺文件

（1）焊接工艺评定　焊接工艺部门根据情况，对本厂首次使用的材料，如没有掌握其焊

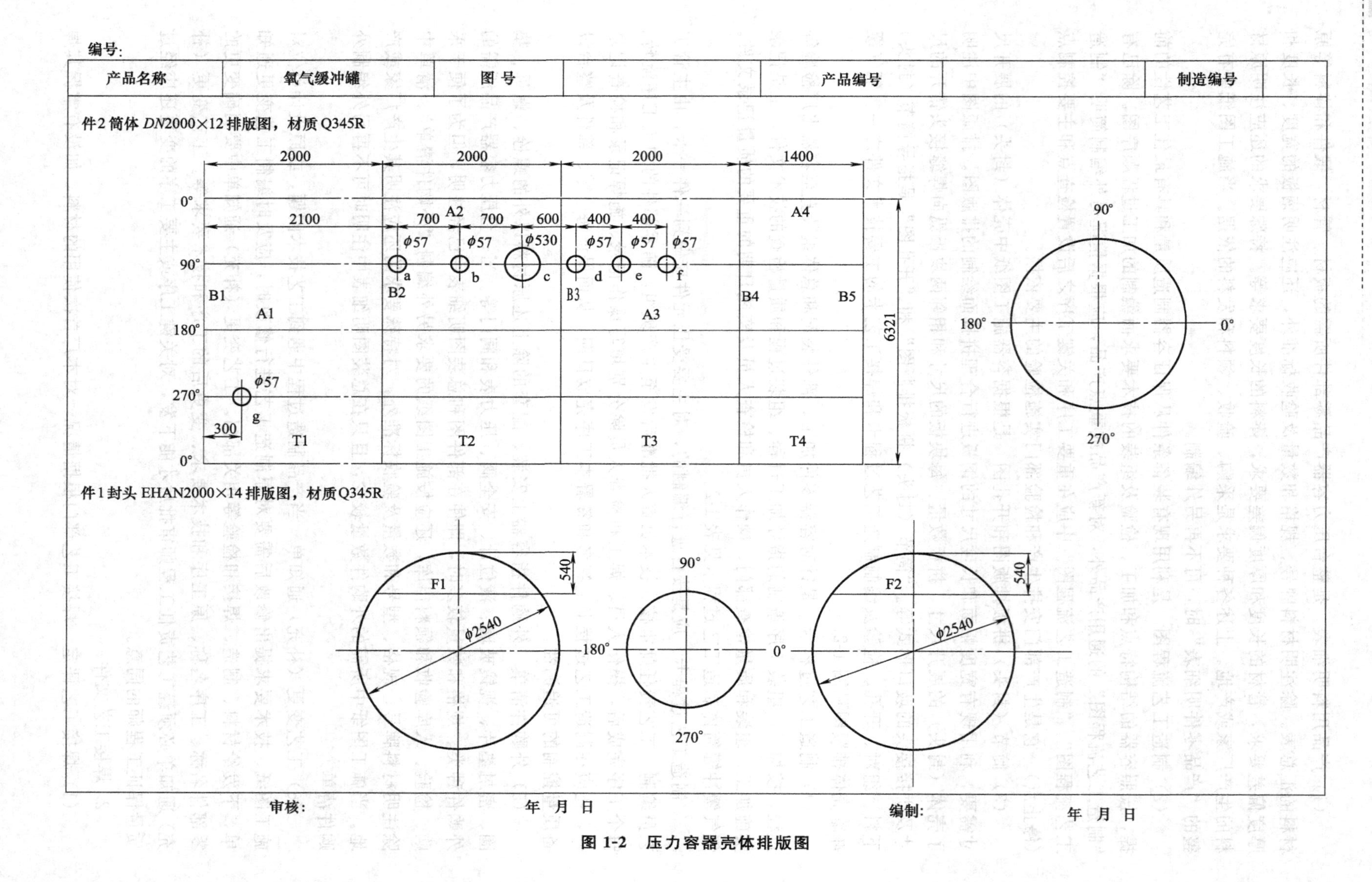

图 1-2 压力容器壳体排版图

表 1-2　筒体工艺过程卡

产品名称	氧气缓冲罐	零(部)件件号	2	材料牌号	Q345R	制造编号	
图号	0615-R2-1	数量	4节	材料规格	DN2000mm×12mm	产品编号	

序号	车间	工种或设备	工序	工艺内容及技术要求	操作者	检查者
1	铆焊车间	铆工	领料	钢板 Q345R 应具有钢厂质量合格证明书原件或复印件		
2			划线	按排版图划线。下料尺寸为 6321mm ± 0.5mm、2200mm ± 0.5mm、400mm±0.5mm 对角线偏差为±1.5mm，做材料标记移植、产品永久标识		
3		水焊工	切割	气割下料，并清除氧化物及渣瘤		
4		刨边机	刨边	刨坡口 纵缝：A1～A4 坡口Ⅰ形　角度：0°±2.5° 环缝：B2～B5 坡口Ⅰ形　角度：0°±2.5° B1 坡口 V 形　角度：内侧 30°±2.5°　钝边：2mm±1mm 坡口表面不得有裂纹、分层		
5		铆工	压头	展开料两端压头(预弯)		
6			滚圆	按《容器组装工艺守则》要求滚圆		
7			组对	组对定位焊。对接间隙 $C=0^{+1}$mm 错边量 $b\leqslant3$mm 清理坡口两侧 20mm 范围内的油污杂质。点焊引、熄弧板。组对成形前，圆筒外圆周长 6359^{+10}mm		
8		焊工	焊接	按《通用焊接工艺守则》及《焊接工艺规程》要求焊接焊缝 A1、A2、A3、A4 距焊缝 50mm 处，字头朝向焊缝，打焊工钢印		
9		水焊工	切割	将试板从筒体上割掉(不得用大锤敲打)，清除氧化物及渣瘤		
10		铆工	校圆	在卷板机上校圆，棱角度 $E\leqslant3.2$mm 圆筒同一断面上最大最小直径差 e 不应大于 20mm		
11	探伤室	无损检测	射线检测	对 A1、A2、A3、A4 进行 20%RT 检测，按 JB/T 4730—2005 标准执行，照相质量等级不低于 AB 级，焊缝质量不低于Ⅲ级合格		

审核：　　　　编制：

接性能，则应在焊接工艺评定前做材料的焊接性能试验，然后根据压力容器施工图纸采用的材料种类、接头形式、焊接方法及焊接材料，提出焊接工艺评定的内容，编制“焊接工艺评定指导书”，经焊接责任工程师审核后进行焊接工艺评定工作。焊接工艺评定合格后，由焊接工艺员根据记录和检验结果编制“焊接工艺评定报告”，交焊接责任工程师审核、本厂总工程师批准。

（2）焊接工艺规程　焊接工艺评定完成后，焊接工艺部门需根据“筒节（封头）拼板开孔排版图”和施工图纸要求绘制“压力容器焊缝编号分布图”，并按焊接接头形式和焊缝类别编制相应焊接接头的“焊接工艺卡”。氧气缓冲罐焊接工艺卡见情境七压力容器的焊接。

焊接工艺卡一般由焊接工艺员进行编制，报焊接责任师进行审核，技术负责人进行批准，经批准后的焊接工艺卡要下发至进行焊接作业人员，焊接工艺必须按下发的焊接工艺卡进行施焊。

（3）热处理工艺卡　负责热处理的部门还应编制“热处理工艺卡”。“热处理工艺卡”是指导压力容器及零部件进行焊后热处理的工艺指导文件，由热处理工艺员编制，经热处理责任工程师审核后下发给负责实施热处理的部门和相应检查人员，作为进行热处理和检查的依据。

【考核评价】

情境一 考核评价表

序号	考评项目	分值	考核办法	教师评价（60%）	组长评价（20%）	学生评价（20%）
1	学习态度	20	出勤率、听课态度、实训表现			
2	学习能力	10	回答问题、获取信息、制定及实施工作计划			
3	操作能力	50	1. 压力容器图纸的确认（10分） 2. 制造工艺流程图理解（10分） 3. 制造工艺过程卡解读（10分） 4. 焊接工艺卡的解读（10分） 5. 安全文明生产情况（10分）			
4	团队协作精神	20	小组内部合作情况、完成任务质量、速度等			
合计		100				
		综合得分				

【思考与练习】

1. 简述压力容器制造工艺过程？
2. 压力容器制造图纸确认的内容包括哪些？
3. 简述制造工艺文件应包括哪些内容？
4. 简述压力容器焊接工艺文件包括哪些内容？

情境二

排料、展开及划线

任务一　展开及排料

【学习任务单】

<table>
<tr><td>学习领域</td><td colspan="2">压力容器的制造安装检测</td></tr>
<tr><td>学习情境二</td><td>排料、展开及划线</td><td></td></tr>
<tr><td>学习任务一</td><td>展开及排料</td><td>课时：4 学时</td></tr>
<tr><td>学习目标</td><td colspan="2">1. 知识目标
(1)了解压力容器壳体排料前的准备工作。
(2)熟悉压力容器壳体的展开知识。
(3)熟悉压力容器壳体排版图的制定。
(4)熟悉压力容器壳体的排料方法。
2. 能力目标
能够熟练掌握压力容器壳体的展开方法，合理地制定压力容器壳体的排版图，并且能根据排版图选择合适的排料方法。
3. 素质目标
(1)培养学生语言表达能力。
(2)培养学生团队协作意识和严谨求实的精神。
(3)培养学生良好的心理素质和解决问题的能力</td></tr>
<tr><td colspan="3">一、任务描述
在上一项目中完成了氧气缓冲罐的材料验收、施工图纸的确认和工艺汇审，本项目的任务就是完成主体材料为16MnR的氧气缓冲罐筒体、封头的展开和排料工作，具体尺寸为 $D_i=2000$mm，$L=7400$mm，封头为 EHA2000×12。在任务完成过程中要了解压力容器壳体排料前的准备工作，熟悉压力容器壳体的展开方法，压力容器壳体排版图的制定，掌握压力容器壳体零部件的排料方法。
二、相关材料及资源
1. 教材。
2. 油毡纸(10mm×1600mm×6000mm)、划规、划针。
3. 相关视频材料。
4. 教学课件。
三、任务实施说明
1. 学生分组，每小组 5～6 人。
2. 小组进行任务分析和资料学习。
3. 现场教学。
4. 小组讨论，认真阅读压力容器施工图，按公式进行筒体、封头的展开计算；确定筒体、封头的展开尺寸；并制定出合适的排版图。
5. 小组合作，根据制定的排版图在油毡纸上进行试排料。
6. 检查与评价。
四、任务实施要点
1. 筒体的下料计算以筒体的中径为准。
2. 利用经验法计算封头的坯料直径。
3. 根据油毡纸的规格制定出合适的排版图。
4. 在油毡纸上进行试排料，选择出材料利用率高的排料方案</td></tr>
</table>

【相关知识】

排料和划线是压力容器制作的第一道工序，也是关键工序。排料的合理性与否直接影响压力容器的制作成本，而划线的正确与否直接影响压力容器零部件成形后的尺寸精度和相互装配质量。因此熟练掌握压力容器材料的排料原则和划线方法是压力容器制造人员应具有的基本能力和一项重要技能。

压力容器的壳体在排料前应根据施工图纸确定其展开方法并制定出排版图，同时选择合适的原材料规格（例如钢板的宽度和长度选择，钢管的定尺长度选择）。并且在进行排料工作前要对验收合格的原材料进行复核，最后根据排版图对现有的原材料进行合理的排料。

一、压力容器壳体的展开方法

展开是压力容器制造过程中重要的工作环节之一，将压力容器壳体的立体表面依次摊平在平面上可得到立体表面的展开图，根据设计图样上的图形和尺寸确定零部件展开尺寸的方法通常有以下几种。

作图法　用几何制图法将零部件展开成平面图形的方法。

计算法　按展开原理或压（拉）延变形前后面积不变的原则推导出计算公式的方法。

试验法　通过试验公式确定形状较复杂零部件坯料的方法。此方法简单、方便。

综合法　对于计算过于复杂的零部件，可对不同部位分别采用不同的方法，甚至需要采用试验法予以验证。

压力容器壳体由其自身的结构特点不同可分为可展开曲面和不可展开曲面两种。在直线面（直母线形成的曲面）中，凡连续二素线平行或相交的曲面，均为可展曲面，如柱面与锥面等。扭曲面、曲纹曲面和不规则曲面，由于其相邻两素线为交叉两直线或为曲线，不能构成一平面，故为不可展开的曲面。例如本任务中的氧气缓冲罐的筒体是可展开曲面，而椭圆形封头则是不可展开曲面。在生产中常采用计算法和作图法来完成压力容器壳体的展开。

二、原材料的复核

生产部门在接到工艺部门的相关技术文件如《压力容器铆工工艺》（其中包括排版图）后，应根据工艺消耗额定明细表所需材料同保管员共同填写《压力容器领料单》，领料时必须经材料检查员核对后方可领用，材料领用后操作人员在排料前还应对照《压力容器领料单》逐项确认。确定无误后方可进行排料。

三、原材料规格的选择

压力容器用原材料的规格选择应根据图纸要求选择合适的尺寸，同时这也是压力容器制造的工艺部门在确定压力容器筒体、封头排版图前应解决的问题。原材料规格选择的原则是：既要减少制作过程中的工作量，同时又要提高原材料的利用率。

本任务中以氧气缓冲罐的筒体和封头为例来选择压力容器用钢板的钢板规格，首先应选择在标准范围内的宽幅面和长幅面的钢板材料，同时还应考虑市场供求状况，以及本制造单位卷板机的生产能力，然后选择出适合本台设备的板料，因此对于 $D_i=2000$mm，$L=7400$mm，材质为Q345R的筒体来说，Q345R所属的GB 713—2008《锅炉压力容器用钢板》标准钢板的带宽可达到4800mm，而钢材市场常见的钢板宽度是1800mm、2000mm、2200mm，长度大都在7000mm以上，如果卷板机可工作的最大宽度是2200mm，筒体的长度是 7400mm，那么对于 7400mm 长的筒体若选用 1800mm 的钢板筒体需要排成五节，而选用 2000mm 的钢板则需要四节，若选用 2200mm 的钢板也需要排成四节，将各种宽度不同的钢板进行试排料，不难得出若用宽度为 1800mm 和存在一节小于 300mm 长度的筒节，这是 GB 150 上所不允许的；并且若采用宽度 1800mm 的钢板焊缝与开孔位置重合，而宽度为 2200mm 钢板的焊缝与鞍座的位置有重合，因此综合考虑既要保证最少的焊接接头数量又要保证最高的钢板利用率，认为选用 2000mm 宽钢板制造这台设备最为合适。

【相关技能】

一、可展曲面的展开计算

生产中常见的正圆柱面和正圆锥面都是可展曲面，展开时通常采用的是计算法。因为实际生产中的圆柱形筒体和锥体都是由一定厚度的钢板卷制而成，在成形过程中钢板的外层受拉而内层受压，只有中性层面的金属既不受拉也不受压，其长度尺寸保持不变，故在展开时采用的都是以中性层作为展开图形的尺寸依据进行展开计算。

1. 圆柱形筒体的展开

对于本任务中的筒体因其属于正圆柱面在展开时可以精确地计算出来，正圆柱面展开后为一矩形。如图 2-1 所示。

圆柱形筒体的展开尺寸　$LB=\pi DH$

式中　L——圆筒的展开长度；

B——圆筒的展开宽度；

D——圆筒的中径（$D=D_i+\delta$）；

D_i——圆筒的内径；

H——圆筒的长度；

δ——圆筒厚度。

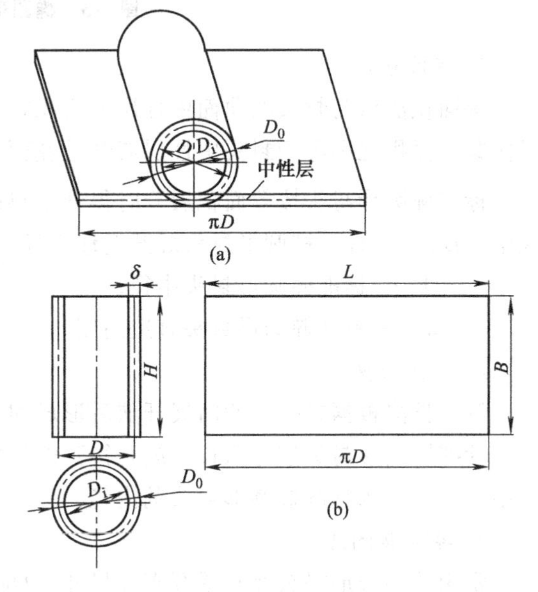

图 2-1　圆柱体的展开

D_0—圆筒的外径；

2. 圆锥形壳体的展开

正圆锥的展开形状为扇形，如图 2-2 所示，圆锥体的展开尺寸也是按照圆锥体的中性层尺寸进行计算和展开。

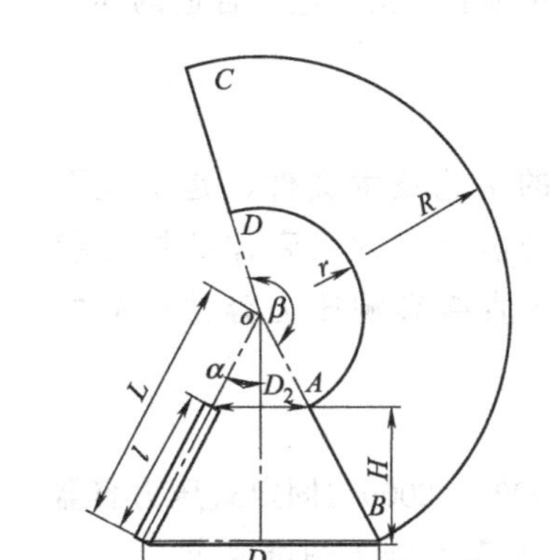

图 2-2　正圆锥的展开

图中圆锥壳体的展开尺寸

大口中径——$D_1=D_{i1}+\delta$（D_{i1}为大口内径）

小口中径——$D_2=D_{i2}+\delta$（D_{i2}为小口内径）

锥体高度——$H=(D_1-D_2)/2\tan\alpha$

大口展开直径——$R=L=D_1/2\sin\alpha$

大口展开直径——$r=L-l=D_2/2\sin\alpha$

展开扇形圆心角——$\beta=180°D_1/L$ 或 $\beta=360°\sin\alpha$

展开扇形内圆弧长——$\overset{\frown}{AD}=\pi D_2$

展开扇形外圆弧长——$\overset{\frown}{BC}=\pi D_1$

如图 2-2 所示，$ABCD$ 即为正圆锥的中性层展开图形。

二、不可展曲面的展开

理论上，不可展曲面是不能展开的。但是由于生产需要，常采用近似展开法。本任务中的椭圆形封头即为不可展开曲面，因其无法直接计算出所需材料的面积，所以通常用的近似展开法有等面积法、等弧长法、经验展图法等（图2-3）。

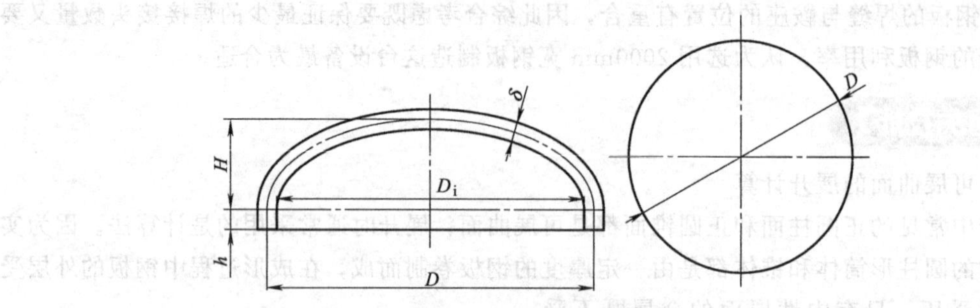

图2-3 椭圆形封头的展开

1. 等面积法

等面积法认为封头的曲面中性层的面积在封头展开前后相等。椭圆形封头直边段面积与半椭圆体面积之和等于封头中性层展开毛坯面积，对标准椭圆形封头长短轴之比为2∶1。

标准椭圆形封头按等面积展开时得到坯料的直径尺寸 $D_W=\sqrt{1.38D^2+4Dh}$

式中 D_W——标准椭圆形封头展开毛坯直径；

D——标准椭圆形封头中径；

h——标准椭圆形封头直边高度。

2. 等弧长法

等弧长法根据封头中性面展开前后形成回转体的母线长度不变而求出计算公式。

标准椭圆形封头按等弧长法展开得到的坯料直径尺寸 $D_W=1.214D_i+2h$

式中 D_i——为标准椭圆形封头的内径。

3. 经验展图法

常用的椭圆形封头经验展开直径尺寸 $D_W=KD+2h$

式中 K——为经验系数，可根据相关标准查得。

对标准椭圆封头 $K=1.19$，可采用下面的简单计算式：$D_W=1.19D+2h$

以上三种方法都能完成对椭圆形封头的展开，实际生产中应用最多的是经验展图法，各个封头厂家会根据采用的冲压和旋压的制造方法不同结合本单位的生产能力选择合适的加工余量，最终确定出各厂家不同的毛坯下料尺寸。

三、压力容器壳体的排版图

压力容器壳体的排版图是压力容器制造过程中一项重要的工艺技术文件，是工人下料和组对工序的依据。排版图应准确地反映出压力容器壳体的展开尺寸、壳体的拼接状况、开孔大小及位置以及焊缝位置的布置。排版图的准确与否直接影响压力容器产品的制造质量。

1. 排版图的基本要求

① 排版图必须严格遵守GB 150—2011《压力容器》、TSG R0004—2009《固定式压力容器安全技术监察规程》、GB 151—1999《管壳式换热器》等现行标准规范及施工图纸要求。

② 制定压力容器壳体排版图时应充分考虑本单位的生产加工能力，例如用剪板机下料

时应考虑剪裁宽度、卷板机可卷制圆筒的最宽尺寸等。若排版超出生产加工能力，那么下料后的工序将无法进行。

③ 制定排版图时应根据现有库存材料或市场常用材料尺寸选择合适的排版方案，在满足上述两条要求的前提下既能节约原材料又能保证最少的工作量，尽可能地提高经济效益。

2. 排版图的内容

① 排版图中应准确地标出零部件的件号、所用原材料的材质和规格、零部件展开尺寸、开孔直径及位置、拼接焊缝及拼接尺寸、焊缝位置等具体内容见本任务的壳体排版图。

② 排版图应明确显示方位线，并注意排版图中筒体、封头的方位线旋转顺序应与施工图纸中方位线相一致。

四、排料时焊接接头的相关要求

① 筒体的最短筒节长度：碳素钢、低合金钢不小于300mm，不锈钢不小于200mm。

② 同一筒节纵向焊接接头相互平行，相邻焊接接头间的弧长距离：碳素钢、低合金钢不小于500mm，不锈钢不小于200mm。

③ 相邻圆筒的A类焊接接头的距离或封头A类焊接接头的端点与相邻圆筒A类焊接接头的距离应大于名义厚度δ_n的3倍，且不小于100mm。

④ 容器内件和筒体焊接接头边缘与筒体环向焊接接头边缘的距离应不小于筒体壁厚，且不小于50mm。

⑤ 容器的焊接接头在条件允许情况下应尽量避开容器开孔位置及鞍座位置。

⑥ 卧式容器焊接接头应位于支座之外，纵向焊接接头应位于壳体下部120°范围之外，支座焊接接头与筒体焊接接头边缘距离应尽量大于筒体壁厚且不小于100mm。

⑦ 封头各种不相交拼接焊接接头之间的最小距离应不小于封头名义厚度δ_n的3倍，且不小于100mm。

⑧ 封头由瓣片和顶圆板拼接制成时，焊接接头方向只允许是径向和环向的。

五、压力容器壳体的排料

排料是根据实际材料的规格尺寸，按照施工图纸及工艺技术文件如“压力容器壳体排版图”进行排料。排料时要进行合理套裁，各零部件间留出适当的加工余量，同时还应考虑钢板的轧制方向。手工排料是操作人员根据施工图纸和排版图，在现有的库存材料上尽可能紧凑、合理地排放。

随着科学技术的发展，计算机辅助排料在实际生产中也应用得越来越多。批量生产的产品可以采用相应的计算机辅助排料软件进行排料，这种排料能既快速又准确地得到合理的排料方案。若单台生产也可以利用CAD程序进行简单的模拟排料，这种排料方法也比实际中的手工排料效率高并且较为准确。例如本任务在下料前可以利用CAD画出现有的钢板尺寸，再根据排版图的数据加上适当的加工余量在计算机中试排料，并选择合适的排法。

不论是手工排料还是计算机模拟排料都应做到：充分利用原材料、边角余料，提高材料的利用率；对零部件排料时要考虑切割方便、可行；尽可能使排料能多利用剪切法下料以降低工作强度，提高工作效率；筒节下料要使其卷制方向与钢板轧制方向（轧制纤维方向）一致（图2-4），若出现拼接时也应注意拼接方向；认真设计焊缝位置，因为在划线下料的同时，基本上也就确定了焊缝的位置。

钢板的下料方向如图2-4所示。

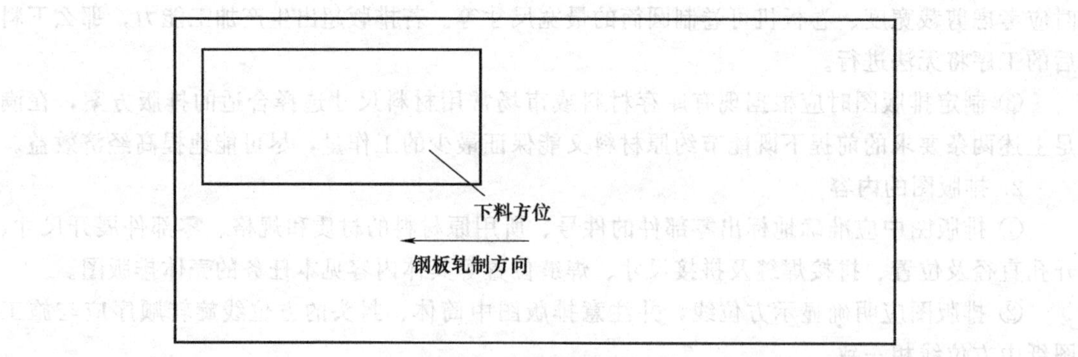

图 2-4 钢板下料方向

【考核评价】

任务一 考核评价表

序号	考评项目	分值	考核办法	教师评价（60%）	组长评价（20%）	学生评价（20%）
1	学习态度	20	出勤率、听课态度、实训表现			
2	学习能力	10	回答问题、获取信息、制定及实施工作计划			
3	操作能力	50	1. 操作前准备(10 分) 2. 筒体、封头的展开计算 (20 分) 3. 筒体、封头排版图制定(10 分) 4. 安全文明生产情况(10 分)			
4	团队协作精神	20	小组内部合作情况、完成任务质量、速度等			
合计		100				
	综合得分					

【思考与练习】

1. 压力容器壳体常用的展开方法有哪几种？
2. 压力容器壳体划线前的排料工序应考虑哪些方面？
3. 不可展曲面常用的近似展开方法有哪几种？
4. 排版图通常都包括哪些内容？

任务二 压力容器受压壳体的划线

【学习任务单】

学习领域	压力容器的制造安装检测	
学习情境二	排料、展开及划线	
学习任务二	压力容器受压壳体的划线	课时：2 学时
学习目标	1. 知识目标 (1)了解压力容器壳体用钢材的预处理方法。 (2)熟悉划线的方法。	

<table>
<tr><td>学习目标</td><td>(3)熟悉划线的内容和公差要求
(4)熟悉钢板的找正方法。
2. 能力目标
能够熟练掌握压力容器壳体的划线方法，明确划线的尺寸确定以及划线的具体内容和公差要求，并掌握钢板找正技能。
3. 素质目标
(1)培养学生语言表达能力。
(2)培养学生团队协作意识和严谨求实的精神。
(3)培养学生良好的心理素质和解决问题的能力</td></tr>
<tr><td colspan="2">一、任务描述
在上一项目中完成了压力容器壳体的展开及排版图的制定，并确定了合适的排料方案，本任务主要完成压力容器受压壳体的划线工作。
二、相关材料及资源
1. 教材。
2. 油毡纸(10mm×1600mm×6000mm)、划规、划针。
3. 相关视频材料。
4. 教学课件。
三、任务实施说明
1. 学生分组，每小组5～6人。
2. 小组进行任务分析和资料学习。
3. 现场教学。
4. 小组讨论，根据上一任务确定的排版图在油毡纸上完成筒体、封头的划线工作，划线时，要划出切割线、实际用料线、检查线、中心线并在坯料上做出标记。
5. 小组合作，根据制定的排版图在油毡纸上进行划线。
6. 检查、评价。
四、任务实施要点
1. 用钢板找正方法在油毡纸上找出一个直角。
2. 依据排版图确定的尺寸在油毡纸上划线。
3. 划线时应划出切割线、实际用料线、检查线、中心线并在油毡纸上做出标记</td></tr>
</table>

【相关知识】

划线是根据设计图样上的图形和尺寸，准确地按1∶1比例在原材料或半成品的坯料的表面上画出下料线、加工线、各种位置线和检查线的过程。划线工序通常包括对零部件的展开计算、划线和标记移植等过程。

一、压力容器壳体用钢材的预处理

在划线下料前应检查钢材表面的洁净度和平整度，如有需要应对钢材的表面进行净化处理和矫形处理。

1. 钢材的净化

在运输和存放的过程中，钢材的表面常常出现铁锈、氧化皮或者粘附泥土和油污等。由于这些污物的存在会对压力容器制造过程中的划线、成形、焊接等后续工序的制造质量造成影响，故在划线前应对钢材表面进行净化处理。净化处理的方法主要有手工净化、机械净化和化学净化等。

2. 钢材的矫形

钢材因运输、吊装或存放不当等原因会造成其弯曲、波浪变形、扭曲变形及凹凸不平等变形。在划线、切割、卷制等工序前若不及时对超出标准允许范围的变形进行处理，将严重影响零部件成形后的尺寸精度。钢材的矫形主要有手工矫正法、机械法和火焰加热法。

二、压力容器壳体的划线

利用划线工具将零件展开图按 1∶1 比例直接在钢板或半成品上画出零部件的实际用料线、加工线、各种位置线和检查线，并标出加工符号做好标记移植是在划线工序中主要完成的任务。

划线是压力容器制造的第一道工序。对于简单形状的零部件和单件加工零部件，可直接把展开图的尺寸划在钢板上，这种方法称直接划线。若形状复杂或批量生产则采用将展开图尺寸划在铁皮、油毡纸或纸板上制成样板，再利用样板在钢板上划线，这种划线方法称样板划线。

由于划线位置的不同，划线又可以分为平面划线和立体划线。划线根据使用的工具不同又可以分为人工划线、电子照相划线和计算机数控划线。

人工划线常用的工具有划针、圆规、地规、划线盘、样冲、量尺等。电子照相划线法的工作原理类似静电复印，这种方法划线速度快，不受图形复杂程度的影响，设备及材料价格也比较便宜。计算机数控划线多与数字程控切割机联合使用，将划线与切割下料合成一定工序完成，它是由计算机根据图形编好的程序，控制切割机直接切割出所需形状和尺寸。

在实际生产中用得较多的还是人工划线，例如本任务中的筒体和封头的下料划线都是手工操作完成的。

三、钢板的找正

1. 对角线法找正

本任务采用对角线法找正为例介绍实践中钢板的找正原理。如图 2-5 所示：考虑钢板的边可能不直需要刨边沿钢板边大约 5mm 取一点先沿着钢板长度方向划一条线 AB（AB 的长度可直接取筒节的下料长度，如本任务可直接取筒节的展开长度），然后再沿着钢板的宽度方向划 AB 的平行线 CD，CD 平行线做好后再以 E 点为基准点（AE 距离约 3～5mm）量取钢板长度 EF，接着以 E 为基点量取对角线长度 EH，$\angle EFH$ 必为直角（勾股定理），再以 H 为基点，量取 $HG=EF$，$\angle EGH$ 必为直角。验证 GF、EH 是否相等（允差不大于 2mm）。经过上述步骤后一个四边形的两个角为直角，确保此四边形必为矩形后，可以在找正后的矩形内进行划线作业。

对角线法因其各长度都使用盘尺量取，所以对角线法找正的优点是用无论钢板处于哪种平整程度都能划出精度较高的矩形。

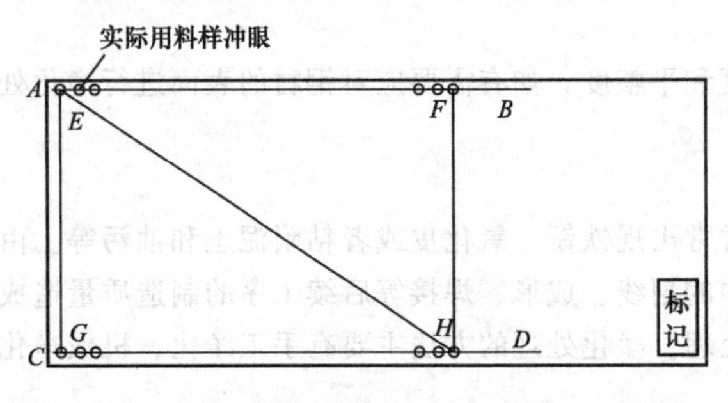

图 2-5 钢板对角线法找正

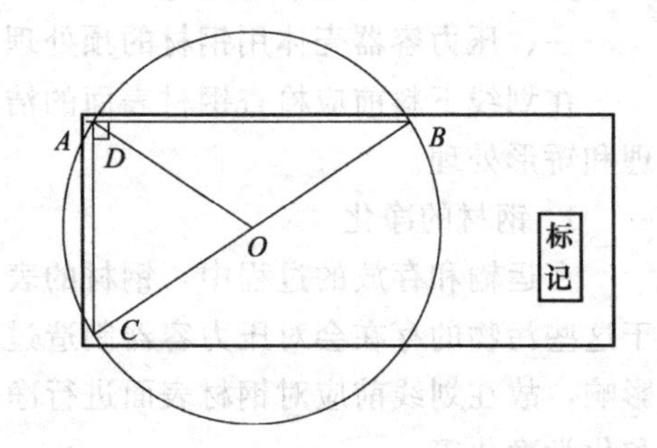

图 2-6 钢板圆周角法找正

2. 圆周角法找正

圆周角法找正是以钢板的一边向内一个数值（如果考虑到钢板不直需要进行刨边是可向内一个数值，两端数值可不等）划出两点 A、B（如图 2-6 所示），再取一点 C（C 可在板内也可在板外)，然后连接 BC，假设 BC 为假定圆直径，分别量取 $OB=OC=OD$，连接 CD，$\angle CDB$ 必为直角。同样可以划出矩形的其他直角。因为过圆周上任意一点与圆直径两端点连线组成的角都是直角。

圆周角找正的方法比较简单，但是用圆周角找正时要求钢板一定要平整，否则划出的矩形误差较大。

四、划线的尺寸

前面方法所讲到的零部件的展开尺寸仅是理论的展开尺寸，而实际划线时还应考虑各个工序的加工余量，如筒节组对时的焊缝坡口间隙、筒节卷制的伸长量、边缘加工余量、焊缝收缩量等。所以氧气缓冲罐的筒节展开尺寸（压力容器壳体排版图给出的尺寸）为

$$L=L_{展}-\Delta_{间}-\Delta_{变}+\Delta_{收}$$

氧气缓冲罐筒节实际划线时尺寸（切割下料尺寸）为

$$L_{划}=L_{展}-\Delta_{间}-\Delta_{变}+\Delta_{收}+\Delta_{加}$$

式中　L——筒节的实际展开尺寸（实际用料线）；

$L_{展}$——筒节的理论展开尺寸；

$L_{划}$——筒节的在钢板上实际划线尺寸；

$\Delta_{间}$——筒节体组对的间隙焊缝坡口间隙，它主要是考虑焊接组对时坡口间隙，坡口间隙的大小主要由坡口形式、焊接工艺、焊接方法等因素来确定；

$\Delta_{变}$——筒节卷制伸长量，与被卷制筒节直径大小、板厚、材质、卷制次数、加热条件等条件有关；

$\Delta_{收}$——焊缝收缩余量，与材料的膨胀系数有关，还与焊接方法、焊接工艺、筒节厚度、焊缝长度等有关；

$\Delta_{加}$——边缘加工余量，主要考虑内容为机加工（切削加工）余量和热切割加工余量。

五、划线的公差要求

我国的压力容器制造标准中尚无统一明确的划线公差标准，各制造单位应根据具体的情况制定内部标准，以保证本单位的产品质量符合国家标准要求。下面是某制造单位对筒节划线的公差要求。

① 每一筒节划线长度应根据钢板宽度、钢板质量等具体情况按工艺文件规定执行。

② 筒体总长度、板制接管等零件的划线公差取制造公差的 50%，不足 2mm 时取 2mm；工艺人员应在工艺工程卡中注明或说明。

③ 每一筒节展开尺寸两对角线尺寸之差值 $\Delta L=|L_1-L_2|$、筒节周长允差 ΔA 按表 2-1 要求。

表 2-1　筒节下料时对角线和周长允差

筒节直径/mm	<800	800～1200	1300～1400	>2400
ΔL/mm	1.0	1.5	2.0	2.5
ΔA/mm	0.7	1.0	1.5	1.5

④ 每一筒节周长（展开尺寸）的划线公差和同一筒体各筒节间的周长（展开尺寸）划线差值按表 2-2 要求。

表 2-2　筒节下料相邻筒节周长允差

筒节板厚 δ/mm	$\delta\leqslant 6$	$6<\delta\leqslant 10$	$10<\delta\leqslant 16$	$\delta>16$
相邻筒节周长差/mm	0.5	0.7	1.0	1.5

【相关技能】

划线的内容

划线按照施工图纸、展开样板和生产车间下发的工艺技术文件如“压力容器壳体排版图”进行。本任务完成的就是氧气缓冲罐的筒体和封头展开划线工作。

1. 钢板的找正

在完成氧气缓冲罐的划线工作中首先要对钢板进行找正，以保证划出的筒节料是矩形。生产实践中常用到的钢板找正的方法有对角线法、圆周角法、勾股定理法等。

2. 具体的划线

根据施工图纸、展开样板和生产车间下发的工艺技术文件如“压力容器壳体排版图”的尺寸，准确的按 1∶1 比例在原材料或半成品的坯料的表面上画出下料线、加工线、各种位置线和检查线。

如图 2-7 所示为氧气缓冲罐 T1 节的下料实例，氧气缓冲罐筒节在完成钢板找正后应划好实际用料线，根据工艺文件所采用的切割方法留出适当的切割余量划好切割线，完成切割前先由实际用料线向内返 50mm 划好检查线，最后应划好筒节的 4 条中心线。具体划线见图 2-7。

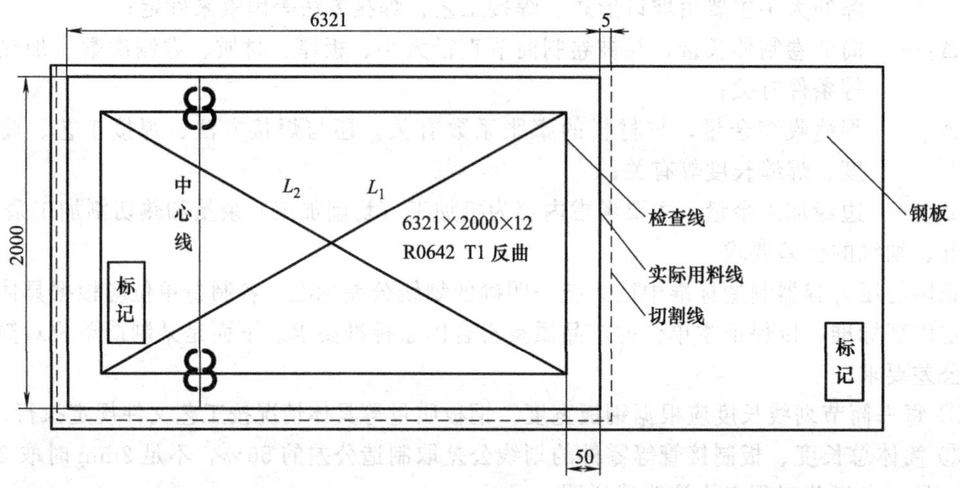

图 2-7 筒节划线与公差要求

3. 划线后的标记

划线后经检查合格以后，为保证划线后加工尺寸的精度及防止下料尺寸在以后的工序中被弄得模糊不清，应将所有的加工尺寸线（包括切割线及剪切线）的边缘转折处各打 3～5 个样冲眼，并且在筒节的 4 条中心线（0°、90°、180°、270°）的两端各打 3～5 个样冲眼。再有就是封头下料的十字线处也应打样冲眼。若材料规定不允许打样冲眼的应使用两种颜色笔划线。样冲眼的标记打好后应用油漆标明产品的制造编号、筒节的具体尺寸、筒节的编号以及坡口形式和卷制方向等。若所用筒节的钢板有剩余应标记出。常用下料符号见表 2-3。

4. 标记移植

标记移植的目的是为了材料的可追溯性，确保压力容器产品的安全性能。在完成上述划线工作后的筒节应在切割前完成标记移植工作，将所用材料的入厂编号、产品编号、筒节编号等标记在规定的位置。筒节及封头的标记移植位置如图 2-8～图 2-10 所示。材料标记移植一般采用打钢印（低应力钢印）的方法，对不能打钢印的设备采用油漆或记号笔书写等。

表 2-3　常用下料符号

序号	名称	符　　号	序号	名称	符　　号
1	切断线		5	弯曲线	
2	中心线		6	刨边线	
3	标准线		7	接头符号	③1-1 →　← ③1-2
4	余料线				

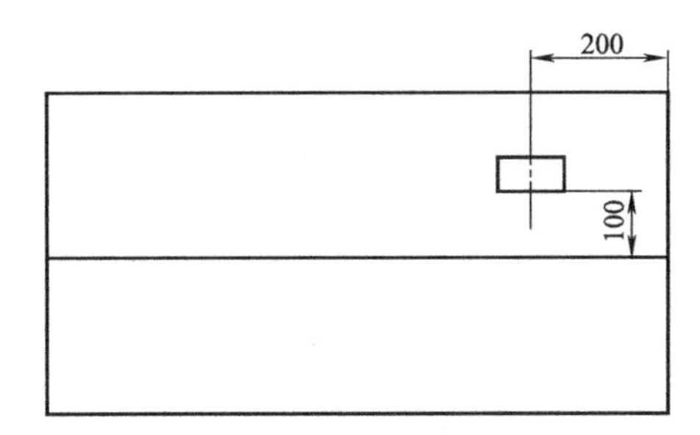

图 2-8　钢板原材料及筒体下料

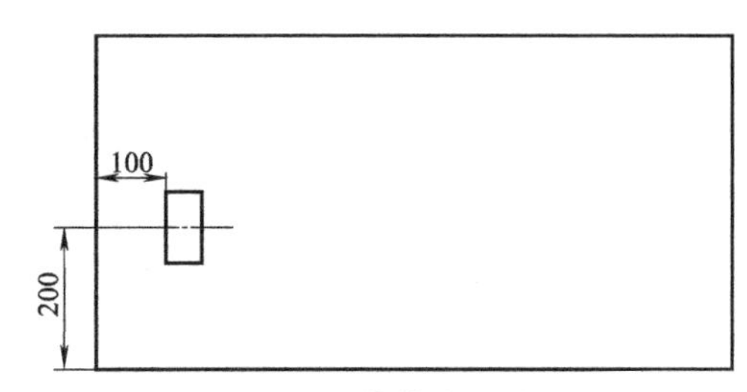

图 2-9　筒体卷制后

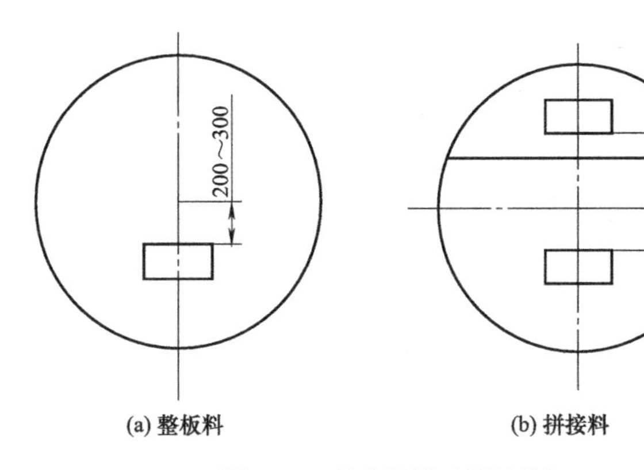

(a) 整板料　(b) 拼接料

图 2-10　封头下料（压制前）

【考核评价】

任务二　考核评价表

序号	考评项目	分值	考核办法	教师评价（60%）	组长评价（20%）	学生评价（20%）
1	学习态度	20	出勤率、听课态度、实训表现			
2	学习能力	10	回答问题、获取信息、制定及实施工作计划			
3	操作能力	50	1. 操作前准备(10 分) 2. 油毡纸的找正 (20 分) 3. 筒体、封头的划线(10 分) 4. 安全文明生产情况(10 分)			
4	团队协作精神	20	小组内部合作情况、完成任务质量、速度等			
合计		100				
综合得分						

【思考与练习】

1. 压力容器壳体用钢板下料前为什么要找正？
2. 压力容器壳体下料划线时应包括哪些内容？
3. 压力容器筒节下料的划线尺寸与哪些因素有关？
4. 标记移植的作用？

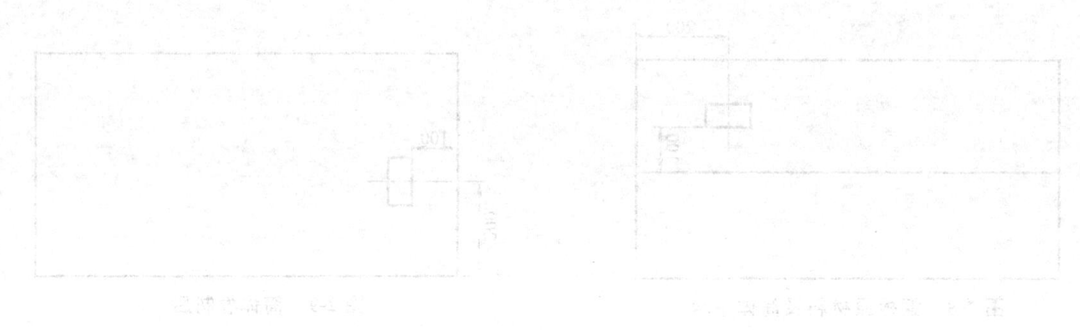

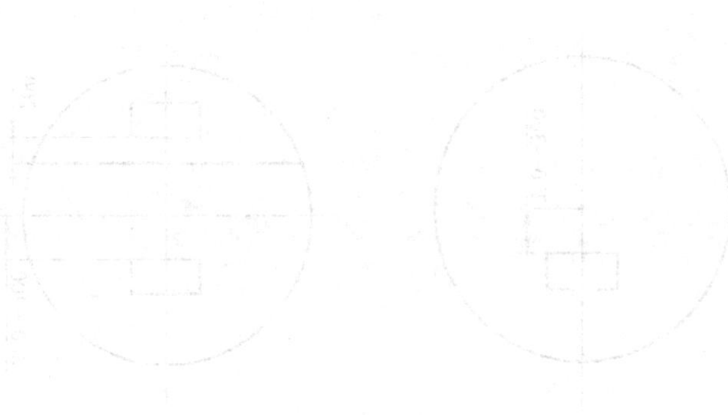

情境三

压力容器材料的切割及坡口加工

任务一　材料的氧-乙炔切割

【学习任务单】

<table>
<tr><td>学习领域</td><td colspan="2">压力容器的制造安装检测</td></tr>
<tr><td>学习情境三</td><td colspan="2">压力容器材料的切割及坡口加工</td></tr>
<tr><td>学习任务一</td><td>材料的氧-乙炔切割</td><td>课时:2 学时</td></tr>
<tr><td>学习目标</td><td colspan="2">1. 知识目标
(1)了解氧-乙炔切割原理。
(2)了解氧-乙炔切割设备结构原理。
(3)熟悉氧-乙炔切割相关工艺参数并能正确选用。
(4)掌握氧-乙炔切割相关操作规程。
2. 能力目标
能够正确使用氧-乙炔切割设备按照操作规程对材料进行切割。
3. 素质目标
(1)培养学生语言表达能力。
(2)培养学生团队协作意识和严谨求实的精神。
(3)培养学生良好的心理素质和解决问题的能力</td></tr>
<tr><td colspan="3">一、任务描述
在上一个项目中完成了筒体材料的号料、划线,本项目的任务就是使用半自动氧-乙炔切割设备对筒体材料材质16MnR,厚度12mm的钢板进行切割,在任务完成过程中,要了解氧-乙炔切割的基本原理、操作程序,掌握使用半自动氧-乙炔切割设备对材料进行切割的基本技能。
二、相关材料及资源
1. 教材。
2. 氧-乙炔切割设备。
3. 钢板。
4. 相关视频材料。
5. 教学课件。
三、任务实施说明
1. 学生分组,每小组5～6人。
2. 小组进行任务分析和资料学习。
3. 现场教学。
4. 小组讨论,制定氧-乙炔切割的步骤并确定技术参数。
5. 小组合作,使用氧-乙炔切割设备对材料进行切割。
6. 检查、评价。
四、任务实施要点
1. 分别安装氧气表和乙炔表,连接割炬,检查切割系统所有接头有无泄漏。
2. 调整好切割氧气压力和乙炔压力。
3. 检查钢板有无氧化铁和油污,平垫废钢板并留好下面的大于100mm的间隙。
4. 发生回火及时关闭乙炔阀、氧气阀。
5. 切割完毕拧松氧气表和乙炔表的调压螺钉并分别关闭氧气瓶和乙炔瓶的阀门</td></tr>
</table>

材料的切割是压力容器制造过程中的关键工序。切割就是按照所规划的切割线从原材料上切割下坯料的过程。熟练掌握氧-乙炔切割、等离子切割方法是压力容器制造人员的基本能力和一项重要技能。半自动氧-乙炔切割机如图 3-1、图 3-2 所示。

图 3-1 半自动氧-乙炔切割机 1

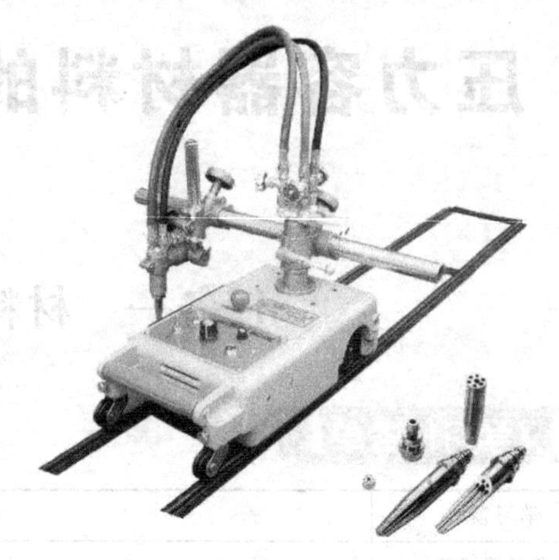

图 3-2 半自动氧-乙炔切割机 2

【相关知识】

氧-乙炔切割是火焰切割应用最广泛的一种，也称为氧气切割或气割。它的特点是设备结构简单、操作容易。主要用于碳素结构钢、低合金结构钢板的切割下料、焊接坡口的加工，特别适合厚度较大或形状复杂零件坯料的下料切割。将数控技术、光电跟踪技术以及各种高速气割技术应用于火焰切割设备中，氧气切割的工作生产率和切割质量将大大提高，使火焰切割向精密、高速、自动化方向发展。

一、氧-乙炔切割的原理及其应用

氧气切割的原理是：利用高温下的铁在纯氧气流中剧烈燃烧，燃烧时产生的氧化物被切割气流吹走，从而达到分离金属的目的。

1. 氧-乙炔切割的过程

氧气切割的过程如图 3-3 所示。

① 点燃氧-乙炔混合气体的预热火焰，将切割金属预热到 1350℃（工件表面发红）。

② 向预热金属喷射纯氧，使高温下的铁在纯氧气流中剧烈燃烧。

③ 高速的纯氧气流将燃烧生成的氧化物从切口中吹掉。

④ 工件燃烧放出的潜热使附近的金属预热，移动割嘴使金属燃烧，切割连续进行。

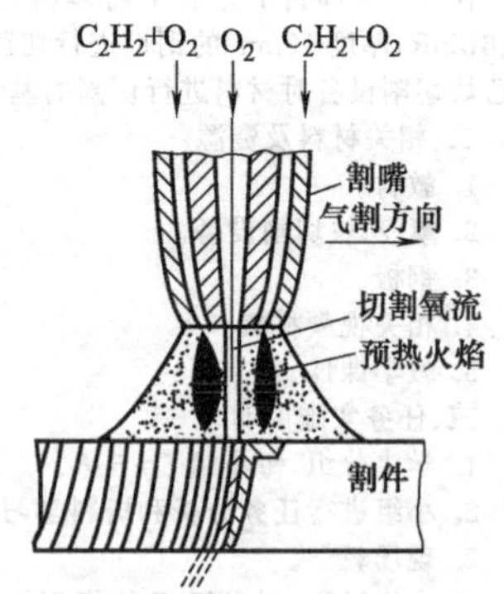

图 3-3 氧气的切割过程

2. 氧-乙炔切割的条件及应用

① 金属的燃烧温度应低于它的熔化温度，否则会因为未进行燃烧反应就已先行熔化，而不能变成液态熔渣流走。

② 所生成的金属氧化物的熔化温度应低于金属的熔化温度，否则金属氧化物会在金属表面形成一层固态薄膜而不易被吹掉，从而阻碍了下一层金属的氧化，使切割难于进行。

③ 所生成的金属氧化物（即熔渣）的流动性要好，否则熔渣将粘于切口而难于吹走，这样不仅影响切口质量，而且还会妨碍切割过程的顺利进行。

④ 金属燃烧时应能释放大量的热，从而保证切割过程能持续进行。

⑤ 金属的热导率较小，这样会因热量集中而使切口处能快速地达到燃烧温度。

综上所述，低碳钢、普通低合金钢适合气割，而铝、铜、铸铁和含铬大于4%～5%的高铬钢以及耐酸钢就不适宜采用普通气割方法。表3-1所列为几种金属材料的气割性能。

表3-1　几种金属材料的气割性能

材料名称	气割性能
含碳量在0.4%以下的碳钢	良好
含碳量在0.4%～0.5%的碳钢	良好。应先预热，气割后还应在650℃左右缓慢退火
含碳量在0.5%～0.7%的碳钢	良好。应先预热，气割后应退火
含碳量在0.7%以上的碳钢	实际上不能用气割
铸钢	一般碳钢能气割。某些合金钢，即使使用特殊割嘴进行气割，其切割质量也很差
高锰钢	良好。预热后更易气割
硅钢	不良
高铬钢	不能气割
低铬钼合金钢	良好
高铬镍合金钢	良好
不锈钢	可气割，但要求具备很特殊的作业技术
铜及铜合金	不能气割

二、割炬及其使用

割炬是由供氧部分和供乙炔（丙炔等可燃气体）部分组成。割炬的作用是使氧与乙炔按比例进行混合，形成预热火焰，并将高压纯氧喷射到被切割的工件上，使被切割金属在氧射流中燃烧，氧射流并把燃烧生成的熔渣（氧化物）吹走而形成割炬。切割速度应视被切割钢板的性能、厚度以及氧气压力的大小而定，具体如何选择必须在生产实践中摸索并逐渐掌握。

使用割炬时必须注意，当熔渣微粒或异物进入割嘴通道而引起回火时，应立即关闭氧气阀门并随后关闭乙炔阀门；在进行第二次点火前要先用快风吹走引起堵塞的熔渣和异物，然后才再按上述办法点火与调节，以保证继续切割。

此外，气割时还应注意以下问题：首先应将工件架离地面100mm左右，并将切口附近30～50mm范围内净化好。

① 当切割是从工件边缘开始时，为了使整个厚度上的金属都能得到预热，在工件厚度不超过50mm时，可使割炬垂直于工件。而当工件厚度在50mm以上时，割炬应与工件倾斜成一个适当角度，如图3-4所示。

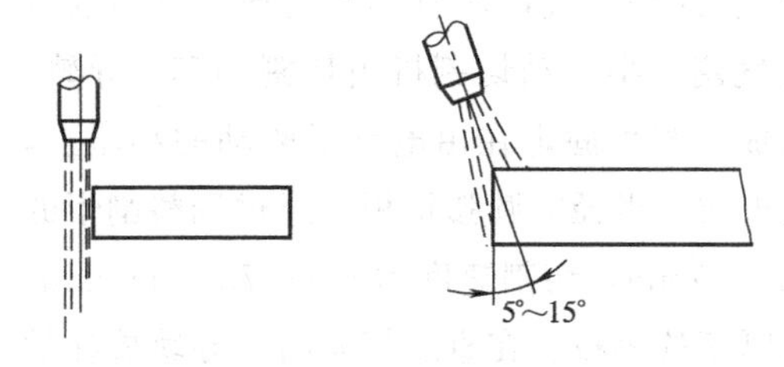

图3-4　割嘴预热工件位置

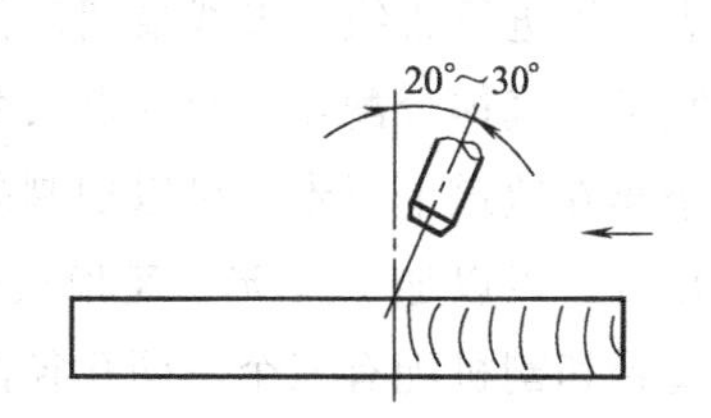

图3-5　割嘴切割厚工件时位置

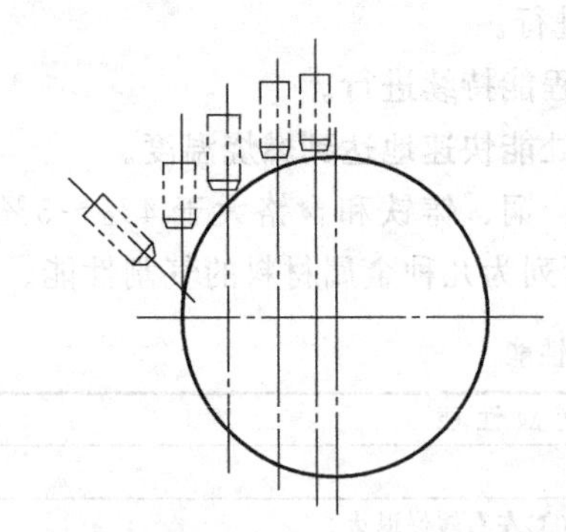

图 3-6 割嘴切割圆柱体工件时的位置

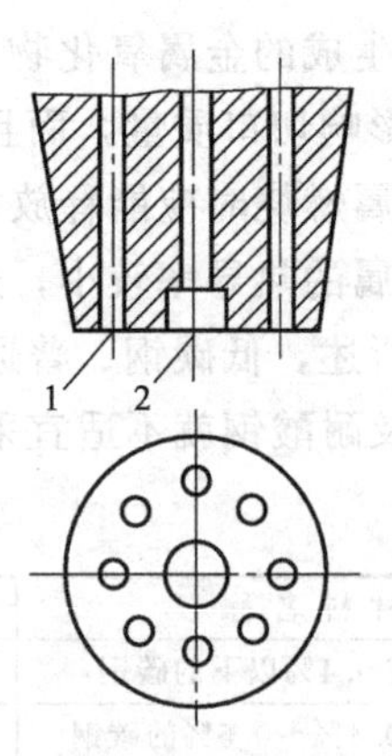

图 3-7 普通割嘴出口端的截面形状

1—预热喷孔；2—氧气孔

② 若切割是从工件表面任意位置开始时，应先在工件表面开个小孔后再进行切割。可用割炬本身开孔，也可用小钻头开孔。当板厚小于 20mm 时，可使割炬垂直于工件；若板厚大于 20mm 时，割炬应向右倾斜 20°～30°角（图 3-5），使火焰前冲，以保证火焰能很好地预热前面的金属，而提高工作效率。切割曲线工件时，割炬必须垂直工件，否则切口不平整；切割圆柱体工件时，割炬相对工件的位置，如图 3-6 所示。

三、常用切割嘴

图 3-7 所示为普通割嘴出口端的截面形状，其中心部位是氧气孔 2，而圆周方向的许多小孔为通过混合气体的预热喷孔 1。

从喷孔出来的预热火焰，除了将工作加热至切割燃烧温度外，还因补偿了切割过程的热量损失使燃烧反应能持续进行。预热喷孔除图 3-7 中所示的梅花形外，环形槽状也是比较常用的孔型。

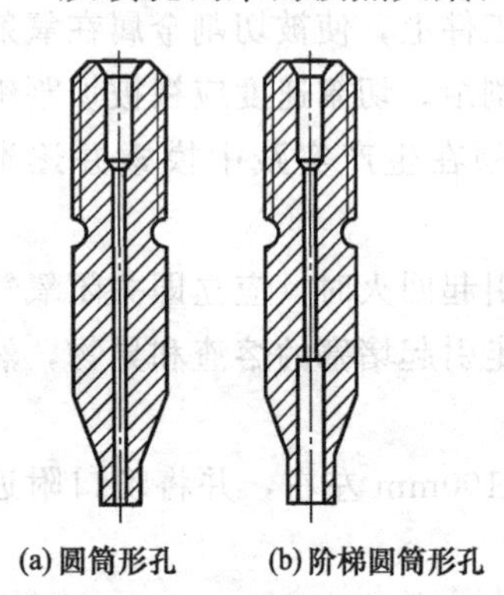

图 3-8 普通型切割氧嘴

切割氧常用的有圆筒形孔［图 3-8（a）］和阶梯圆筒形孔［图 3-8（b）］两种。圆筒形切割氧嘴主要用于薄板的切割；阶梯圆筒形切割氧嘴主要用于厚板的切割。

四、半自动氧气切割机

半自动切割机、仿形切割机、光电跟踪切割机及数控切割机等在容器制造中得到了广泛的应用。机械化切割的应用，在提高氧气切割效率、保证切割质量、减轻劳动强度等方面显示出手工切割所不能比拟的优势。

在压力容器制造厂及承担预制工作的石油化工厂施工单位，各种半自动氧气切割机（见图 3-9）被广泛采用。这种氧气切割机具有轻便、灵活的特点，可进行直线、弧线或圆形件和各种形式坡口的气割。半自动切割机由切割小车、导轨、割炬、气体分配器、自动点火装置及割圆附件等组成。割炬固定在由电动机驱动的小车上，小车在轨道上行走，可以切割较厚、较长的直线钢板或大半径的圆弧钢板。通过调整割炬的角度，可以加工 V 形、X 形坡口。其切割厚度为 5～60mm，切割速度为 50～ 750mm/min。每台切割机配有三个不同孔径的割嘴，以适应不同厚度的钢板。在直线切割时，导轨放在被气割钢板的平面上，使有割炬的一侧，面向操作者。根据钢板的厚度，调整气割角度和

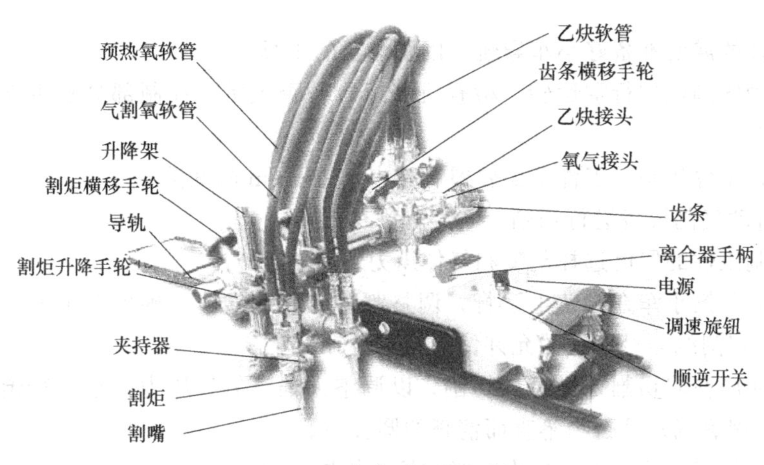

图 3-9　半自动氧气切割机

速度。

五、数控切割机

数控切割机是目前最先进的热切割设备（图 3-10）。它在数控系统的基础上，经过二次开发运用于热切割领域，可以控制氧气切割、普通等离子切割、精细等离子切割等。数控切割无需划线，只要输入程序，即可连续完成任意形状的高精度切割。目前，已有采用工控机作控制系统的切割机，它可以现场直接绘制 CAD 图形，或者将 CAD 图形输入系统，实现图形跟踪切割。

图 3-10　数控切割机

【相关技能】

一、切割前准备工作

① 熟悉图纸及工艺要求，详细了解材质、规格、气割公差等。

② 检查气割工件和号料线是否符合要求，并清除割缝两侧 30～50mm 内的铁锈、油污。

③ 气割钢板应平整。对板厚小于 14mm 的钢板不平度为 2/1000，对板厚大于 14mm 的钢板不平度为 1/1000。

④ 准备好所需的氧气、乙炔，并检查气路的阀门、仪表是否正常工作，连接处是否

紧密。

⑤ 根据工件的需要准备好小车导轨，以及必要的工具。

⑥ 将半自动气割机进行空运转，检查机器运行是否正常、控制部分是否损坏失灵，以及绝缘是否良好。

⑦ 气割前将工件垫平，工件下面要留有不小于100mm的间隙。

二、用半自动气割设备进行切割

① 根据切割工件的厚度选择割嘴和气体压力。

② 气割前应手推小车在导轨上运行，调整割嘴位置或导轨，确保在小车运行过程中割嘴对准号料线。切割线与号料线的允许偏差为±1.5mm。

③ 气割前还应在非切割处进行试切割，以调整火焰、氧气压力，小车行走速度等，并检查风线（即切割氧流）是否为笔直而清晰的圆柱体。

④ 当氧气瓶的气压低于工作压力时必须停机换瓶。

⑤ 气割时，先加热钢材边缘至赤红，再开启快风氧气，使钢材急剧燃烧穿透钢材底部后才可让小车移动。

⑥ 气割焊接坡口，要根据坡口角度要求偏转割嘴，且割速要比下料时慢，氧气压力应稍大。

⑦ 如用快速割嘴，应根据钢材厚度的不同，使割嘴做一定角度的后倾。

⑧ 对于长板条工件，应先切割两侧长边，后切端头，以减少变形。

⑨ 对于较薄的板件，割嘴不应垂直于工件，需偏斜5°～10°，且速度要快，预热火焰能率要小。

⑩ 切割过程发生回火，应先关氧气阀，后关乙炔阀。

⑪ 气割时发现割嘴堵塞，应及时停机打通。

⑫ 切割完毕应清除熔渣，并对工件进行检查。

三、开孔切割（见图3-11）

图3-11 容器开孔切割

① 先在钢板表面上敲好60°定位孔。

② 将切割机的转向轮紧定螺钉松开，并拆去一只。

③ 将中心架装在机身上，将定位针放入定位孔中，根据切割圆形的半径尺寸旋紧定位螺钉，同时抬高定位针，使靠定位针一边的滚轮离开钢板，利用滚轮围绕圆心旋转，切割钢板。

④ 割小圆时，将定位针放在割炬的同一面，切割大圆时，将定位针放在割炬的相反一面。

【考核评价】

任务一 考核评价表

序号	考评项目	分值	考核办法	教师评价（60%）	组长评价（20%）	学生评价（20%）
1	学习态度	20	出勤率、听课态度、实训表现			
2	学习能力	10	回答问题、获取信息、制定及实施工作计划			

续表

序号	考评项目	分值	考核办法	教师评价（60%）	组长评价（20%）	学生评价（20%）
3	操作能力	50	1. 操作前准备（10 分） 2. 操作程序（20 分） 3. 切割质量（10 分） 4. 安全文明生产情况（10 分）			
4	团队协作精神	20	小组内部合作情况、完成任务质量、速度等			
合计		100				
综合得分						

【思考与练习】

1. 简述氧-乙炔切割原理？
2. 简述氧-乙炔切割的条件及适用场合？
3. 氧-乙炔切割操作前要做哪些准备？
4. 简述氧-乙炔切割的操作程序？
5. 氧-乙炔切割发生回火时应如何处理？

任务二　材料的等离子切割

【学习任务单】

学习领域	压力容器的制造安装检测	
学习情境三	压力容器材料的切割及坡口加工	
学习任务二	材料的等离子切割	课时：2 学时
学习目标	1. 知识目标 （1）掌握等离子切割原理。 （2）了解等离子切割设备结构原理。 （3）掌握等离子切割相关工艺参数并能正确选用。 （4）掌握等离子切割相关操作规程。 2. 能力目标 能够正确使用等离子切割设备按照操作规程对材料进行切割。 3. 素质目标 （1）培养学生语言表达能力。 （2）培养学生团队协作意识和严谨求实的精神。 （3）培养学生良好的心理素质和解决问题的能力	

一、任务描述

本任务就是使用等离子切割设备对钢板进行切割，在任务完成过程中，要了解等离子切割的基本原理、操作程序，掌握使用半自动等离子切割设备对材料进行切割的基本技能。

二、相关材料及资源

1. 教材。
2. 等离子切割设备。
3. 钢板。
4. 相关视频材料。
5. 教学课件。

三、任务实施说明

1. 学生分组，每小组5～6人。
2. 小组进行任务分析和资料学习。
3. 现场教学。
4. 小组讨论，认真阅读等离子设备的操作规程，制定等离子切割的步骤并确定技术参数。
5. 小组合作，使用等离子切割设备对材料进行切割。
6. 检查、评价。

四、任务实施要点

1. 严格按照等离子切割操作规程进行操作。
2. 调整切割工艺参数。
3. 检查钢板有无氧化铁和油污，垫平钢板并留好下面的大于100mm的间隙。
4. 打开割炬上的开关，切割时应从钢板边缘开始，割嘴稍向后倾，以使压缩机风吹掉融化的金属，形成切口，然后将割炬头部垂直于工件

【相关知识】

一、什么是等离子？

人们常用“物质的第四种状体”来描述等离子。通常认为的物质三态为：固态、液态和气态。以水为例，其三态为水、冰和蒸汽。三种状态的不同之处在于其能量阶不同。当以热的形式向冰注入能量时，冰就会融化成水。当继续注入能量时，水就会变成蒸汽。如果再向蒸汽增加能量，蒸汽达到极高温度时，就进入了等离子态。能量开始使分子与分子之间彻底分离，原子开始分裂。通常的原子由原子核中的质子和中子，以及包围在原子核周围的电子组成。等离子态时，电子从原子中分离出来。一旦热能使电子脱离了原子，电子就开始了高速的运动。电子带负电，剩下的原子核带正电。这些带正电的原子核就称为离子。

当高速运动的电子撞击到其他的电子或是离子时，将释放出巨大的能量。正是这些能量使等离子态有着特殊的性质，从而有了令人难以置信的切割能力。

二、等离子切割机的原理

等离子切割机工作时，通过一个狭小的管道送出如氮气、氩气或氧气的压缩气体。管道的中间放置有负电极。在给负电极供电并将喷嘴口接触金属时，就形成了导通的回路，电极与金属之间就会产生高能量的电火花。随着惰性气体流过管道，电火花即对气体加热，直至其达到物质的等离子态。这一反应过程产生了一束等离子体流，温度高达约16649℃，流速高达6096m/s，可使金属迅速变为熔渣。等离子体本身有电流流过，只要持续给电极供电并且保持等离子体与金属接触，那么产生电弧的周期就是连续的，这种电弧称为等离子弧。

为能够在确保这种接触的同时避免氧化以及其他等离子体尚不可知的特性引起的损坏，切割机喷嘴装有另外一组管道。这组管道持续放出保护气体以保护切割区域。保护气体的气压可以有效地控制柱状等离子体的半径，见图3-12。也有用水来代替气体起到屏蔽作用，并可对喷嘴和工件提供良好的冷却作用，该方式只限机械化加工中，见图3-13。

三、等离子切割特点

等离子切割机配合不同的工作气体（氩、氢、氮、氧、空气、水蒸气以及某些混合气体）可以切割各种氧气切割难以切割的金属，尤其是对于有色金属（不锈钢、铝、铜、钛、镍）切割效果更佳；其主要优点在于切割厚度不大的金属的时候，等离子切割速度快，尤其

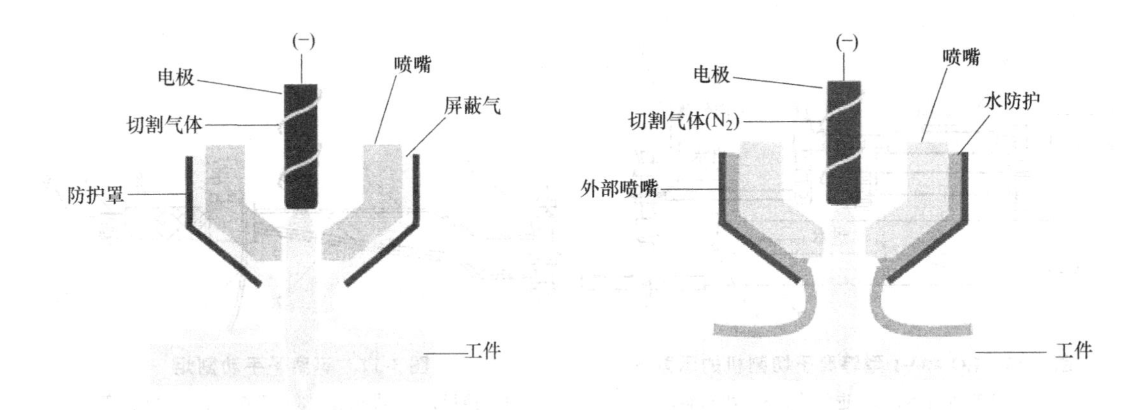

图 3-12　双气切割　　　　图 3-13　水屏蔽切割

在切割普通碳素钢薄板时，速度可达氧切割法的 5～6 倍、切割面光洁、热变形小、几乎没有热影响区。

四、等离子切割设备

图 3-14 所示为等离子切割的工作示意图。工作时，先将点弧开关 1 打开，从而接通电源，使柱式电极 4 与割嘴通过限流电路分别呈现正、负极，然后将氩气（或氮气）开关微微开启，引出小电弧（这种电弧不能喷出到割嘴的外面）。图 3-15 是空气等离子切割机切割系统示意图。

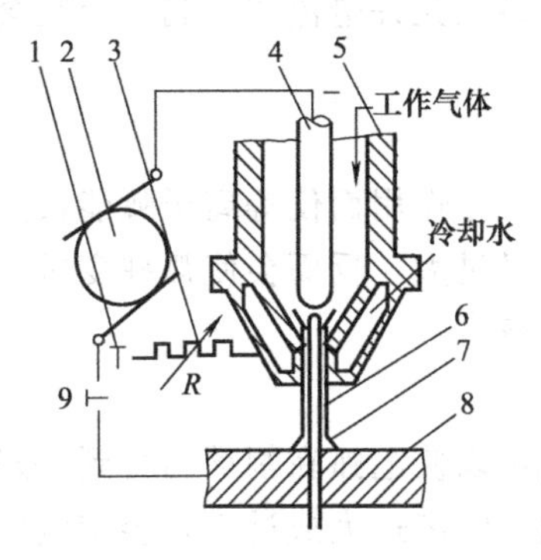

图 3-14　等离子切割的工作示意图

1—点弧开关；2—直流电流；3—限流开关；4—柱式电极；5—割嘴；6—等离子弧；7—气体绝缘体；8—工件；9—切割弧开关

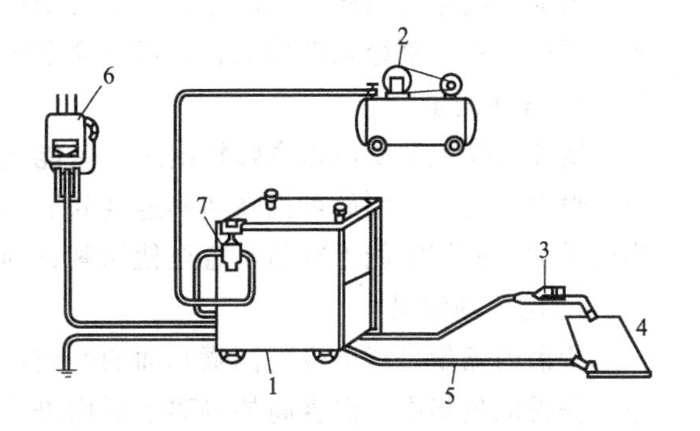

图 3-15　空气等离子切割机切割系统示意图

1—电源；2—空气压缩机；3—割枪；4—工件；5—接工件电缆；6—电源插销；7—电源插销；

等离子切割有采用切割机和手动割炬两种方法。图 3-16 所示为 LO-400-1 型等离子切割机的示意图。它可用氮气、氩气或氮、氩气体混合物作为工作气体。这种切割机可切割厚 80mm、直径 1000mm 的不锈钢及厚 50mm 厚的紫铜等，且多用于直线或圆弧切割。

对于装配作业过程中的开孔（筒体上的接管孔）和形状复杂的零件（如筒体上或其他零件上的空间曲线）切割，应用手动切割。图 3-17 即为等离子手动割炬的示意图。

五、等离子切割工艺参数

各种等离子弧切割工艺参数，直接影响切割过程的稳定性、切割质量和效果。主要切割工艺参数简述如下。

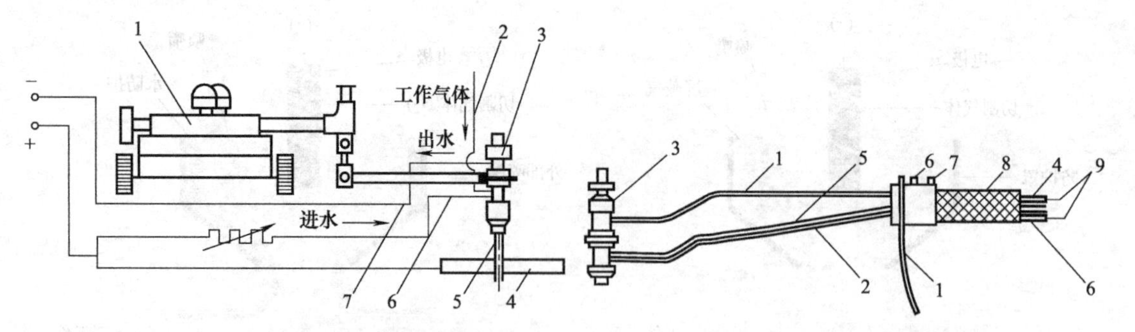

图 3-16 LO-400-1 型等离子切割机的示意图

1—切割机机体；2—进气管；3—切割器；4—钢板；5—等离子弧；6—进水管；7—出水管

图 3-17 等离子手动割炬

1—挡板；2—进水管；3—切割器；4—出水管；5—进气管；6—点弧开关；7—切割开弧开关；8—手柄；9—电缆

1. 空载电压和弧柱电压

等离子切割电源，必须具有足够高的空载电压，才能容易引弧和使等离子弧稳定燃烧。空载电压一般为 120～600V，而弧柱电压一般为空载电压的一半。提高弧柱电压，能明显地增加等离子弧的功率，因而能提高切割速度和切割更大厚度的金属板材。弧柱电压往往通过调节气体流量和加大电极内缩量来达到，但弧柱电压不能超过空载电压的 65%，否则会使等离子弧不稳定。

2. 切割电流

增加切割电流同样能提高等离子弧的功率，但它受到最大允许电流的限制，否则会使等离子弧柱变粗、割缝宽度增加、电极寿命下降。

3. 气体流量

增加气体流量既能提高弧柱电压，又能增强对弧柱的压缩作用而使等离子弧能量更加集中、喷射力更强，因而可提高切割速度和质量。但气体流量过大，反而会使弧柱变短，损失热量增加，使切割能力减弱，直至使切割过程不能正常进行。

4. 电极内缩量

所谓内缩量是指电极到割嘴端面的距离，合适的距离可以使电弧在割嘴内得到良好的压缩，获得能量集中、温度高的等离子弧而进行有效的切割。距离过大或过小，会使电极严重烧损、割嘴烧坏和切割能力下降。内缩量一般取 8～11mm。

5. 割嘴高度

割嘴高度是指割嘴端面至被割工件表面的距离。该距离一般为 4～10mm。它与电极内缩量一样，距离要合适才能充分发挥等离子弧的切割效率，否则会使切割效率和切割质量下降或使割嘴烧坏。

6. 切割速度

以上各种因素直接影响等离子弧的压缩效应，也就是影响等离子弧的温度和能量密度，而等离子弧的高温、高能量决定着切割速度，所以以上的各种因素均与切割速度有关。在保证切割质量的前提下，应尽可能地提高切割速度。这不仅提高生产率，而且能减少被割零件的变形量和割缝区的热影响区域。若切割速度不合适，其效果相反，而且会使粘渣增加，切割质量下降。

表 3-2 所示为等离子切割不锈钢的规范，供选用时参考。

表 3-2　不锈钢等离子切割规范

不锈钢板厚度/mm	空载电压/V	切割电压/V	切割电流/A	气体流量/(L/h)	切割速度/(mm/s)	喷嘴孔径/mm
5	220	130	215	3900	40	3.5
10	220	130	215	3900	20	3.5
15	220	135	290	3900	13	3.5
20	220	135	290	3900	11	3.5
25	300	140	370	4300	10	4.2
40	300	150	400	4300	7	4.2

【相关技能】

一、等离子切割机操作一般规定

① 为降低能耗，提高喷嘴及电极的寿命，当切割较薄工件时，应尽量采用“低挡”切割。

② 当“切厚选择”开关置于“高挡”时应采用非接触式切割（特别情况除外）并优先选择水割割炬。

③ 当必须调换“切厚选择”开关挡位时，一定要先关断主机电源开关，以防损坏机件。

④ 当装拆或移动主机时，一定要先关断供电电源方可进行，以防发生危险。

⑤ 应先关断主机电源开关后，方可装拆主机上附件、部件（如割炬、切割地线、电极、喷嘴、分配器、压帽、保护套等）。避免反复快速地开启割炬开关，以免损坏引弧系统或相关元件。

⑥ 当需要从工件中间开始引弧切割时，切割不锈钢≤20mm 厚，可以直接穿孔切割。方法为：把割炬置于切缝起始点上，并使割炬喷嘴轴线与工件平面呈约 75°夹角，然后，开启割炬开关，引弧穿孔；同时，缓慢地调整喷嘴轴线与工件面夹角，至切割穿工件时止应调整至 90°。切穿工件后，沿切缝方向正常切割即可。但如果超过上述厚度时须穿孔切割，就必须在切割起始点上钻一小孔（直径不限），从小孔中引弧切割。否则，容易损坏割炬喷嘴。

⑦ 主机持续工作率 70%（“切厚选择”开关置于低挡时，持续工作可接近 100%）。若连续工作时间过长而导致主机温度过高时，温度保护系统将自动关机，必须冷却 20min 左右才能继续工作。

⑧ 当压缩空气压力低于 0.22MPa 时设备应立即处于保护关机状态，此时应检修供气系统，排除故障后，压力恢复 0.45MPa 时方能继续工作。

⑨ 若三相输入电源缺相时，主机则不能正常工作，部分机型“缺相指示”红灯亮。须排除故障后，才能正常切割。

⑩ 水冷机型必须将水箱注满自来水，并插好水泵电源插头。

⑪ 将电源开关旋至“开机”位置，风扇转向应按标志方向。水冷机水泵转向应符合要求，否则“水压不足”指示灯亮，应调整输入电源相位。

⑫ 根据工件厚度，将“切厚选择”开关拨至相应位置，选择合适的割炬，割炬按使用范围自小到大有多种规格。禁止超过额定电流范围，否则必将损坏。将割炬置于工件切割起点按下割炬开关，若一次未引燃，可再次按动割炬开关，引弧成功，开始切割。

⑬ 每工作 4～8h（间隔时间视压缩空气干燥度定），应按“空气过滤减压器”放水螺钉拧松排放净积水，以防过多的积水进入机内或割炬内而引起故障。

⑭ 当水冷系统循环不良时，主机将处于保护停机状态，此时，应检查解决，须待水压恢复正常后，水箱回水口回流顺畅，方能继续使用水冷割炬。

⑮ 寒冷环境工作时一定要注意：当环境温度低于冰点时，不得采用水冷方式切割，否则，循环水冷系统将不能正常工作，水冷割炬有可能损坏。

二、操作前的准备工作

① 连接好设备后（请特别注意，一定要接好安全接地线），仔细检查，若一切正常，即可进行下一步操作。

② 闭合供电开关，向主机供电。

③ 将主机“电源开关”置于“开”的位置。此时，“电源指示”灯亮 。但“缺相指示”灯不应亮，否则，三相供电存在缺相现象，应检查解决。注意：若主机外壳未接妥安全接地线，缺相指示灯可能显示出错误的结果。

④ 向主机供气，将“试气”/“切割”开关置于“试气”位置。

三、操作程序

1. 手动非接触式切割

① 将割炬滚轮接触工件，喷嘴离工件平面之间距离调整至 3～5mm（主机切割时将“切厚选择”开关至于高挡）。

② 开启割炬开关，引燃等离子弧，切透工件后，向切割方向匀速移动，切割速度为：以切穿为前提，宜快不宜慢。太慢将影响切口质量，甚至断弧。

③ 切割完毕，关闭割炬开关，等离子弧熄灭，这时，压缩空气延时喷出，以冷却割炬。数秒钟后，自动停止喷出。移开割炬，完成切割全过程。

2. 手动接触式切割

①“切厚选择”开关至于低挡，单机切割较薄板时使用。

② 将割炬喷嘴置于工件被切割起始点，开启割炬开关，引燃等离子弧，并切穿工件，然后沿切缝方向匀速移动即可。

③ 切割完毕，开闭割炬开关，此时，压缩空气仍在喷出，数秒钟后，自动停喷。移开割炬，完成切割全过程。

3. 自动切割

① 自动切割主要适用于切割较厚的工件。选定“切厚选择”开关位置。

② 把割炬滚轮卸去后，割炬与半自动切割机连接坚固，随机附件中备有连接件。

③ 连接好半自动切割机电源，根据工件形状，安装好导轨或半径杆（若为直线切割用导轨，若切割圆或圆弧，则应该选择半径杆）。

④ 若割炬开关插头拨下，换上遥控开关插头（随机附件中备有）。

⑤ 根据工件厚度，调整合适的行走速度。并将半自动切割机上的“倒”、“顺”开关置于切割方向。

⑥ 将喷嘴与工件之间距离调整至 3～8mm，并将喷嘴中心位置调整至工件切缝的起始条上。

⑦ 开启遥控开关，切穿工件后，开启半自动切割机电源开关，即可进行切割。在切割的初始阶段，应随时注意切缝情况，调整至合适的切割速度。并随时注意两机工作是否正常。

⑧ 切割完毕，关闭遥控开关及半自动切割机电源开关。至此，完成切割全过程。

【考核评价】

任务二　考核评价表

序号	考评项目	分值	考核办法	教师评价（60%）	组长评价（20%）	学生评价（20%）
1	学习态度	20	出勤率、听课态度、实训表现			
2	学习能力	10	回答问题、获取信息、制定及实施工作计划			
3	操作能力	50	1. 操作前准备(10分) 2. 操作程序（20分） 3. 切割质量(10分) 4. 安全文明生产情况(10分)			
4	团队协作精神	20	小组内部合作情况、完成任务质量、速度等			
合计		100				
综合得分						

【思考与练习】

1. 简述等离子切割原理？
2. 等离子切割的技术参数有哪些？
3. 等离子切割操作前要做哪些准备工作？
4. 简述自动等离子切割操作程序？
5. 等离子切割主要适用于哪些场合？

任务三　焊缝坡口的边缘加工

【学习任务单】

学习领域	压力容器的制造安装检测	
学习情境三	压力容器材料的切割及坡口加工	
学习任务三	焊缝坡口的边缘加工	课时:2学时
学习目标	1. 知识目标 (1)掌握对焊缝坡口进行边缘加工的几种方法并能够根据生产情况正确选用。 (2)了解电弧气刨设备结构原理、工艺参数、适用场合。 2. 能力目标 (1)能够根据为氧气缓冲罐不同部位焊缝坡口的边缘加工正确选用加工方法，并提出合理的工艺参数。 (2)掌握机械加工、氧-乙炔加工、电弧气刨三种边缘坡口加工方法的操作规程并且能够进行材料的坡口加工。 3. 素质目标 (1)培养学生语言表达能力。 (2)培养学生团队协作意识和严谨求实的精神。 (3)培养学生良好的心理素质和解决问题的能力	
一、任务描述 在上一个项目中完成了对氧气缓冲罐材料的切割，本任务将要完成板材焊接前的一道准备程序——边缘加工，目的在于切去边缘的多余金属并开出一定形状的坡口，并保证焊缝焊透的填充金属是最少的。本任务将会使用机械加工、氧-乙炔加工、电弧气刨三种边缘坡口加工方法对板材进行焊缝坡口的边缘加工。		

二、相关材料及资源

1. 教材。
2. 压力容器生产现场。
3. 仿真实训室。
4. 相关视频材料。
5. 教学课件。

三、任务实施说明

1. 学生分组，每小组5～6人。
2. 小组进行任务分析和资料学习。
3. 生产现场参观教学。
4. 小组讨论，讨论氧气缓冲罐板材的不同部位坡口加工方法，及工艺参数。
5. 小组合作，进行坡口加工。
6. 检查、评价。

四、任务实施要点

1. 了解用刨边机进行坡口加工的过程，刨边机的结构、工作原理在工人师傅的指导下进行坡口加工。
2. 了解氧-乙炔坡口加工方法及操作规程，并且在工人师傅的指导下进行坡口加工。
3. 观看用电弧气刨挑焊根的过程，熟悉电弧气刨设备、操作规程，并在工人师傅的指导下进行挑焊根操作。

【相关知识】

一、钢板边缘加工的目的

要想使制成的容器或设备能达到设计要求，并有足够的使用寿命，除对钢板质量有较为严格的要求外，还必须保证拼焊处的焊缝强度不低于原板材的质量指标。这对要求承受压力、温度或腐蚀介质作用的石油化工设备尤其显得重要。

采用手工电弧焊时，熔池深一般仅有2～3mm；若采用自动埋弧焊，其熔池深也不过4～8mm。当钢板厚度较大时，为保证焊缝能焊透，必须对钢板进行边缘加工。钢板的边缘加工在一定意义上还包含有合理选择焊接接头形式的内容。

总之，板材的边缘加工是焊接前的一道准备工序。它的目的在于：除去切割时产生的边缘缺陷（如小裂纹及渗碳、淬火硬化组织等），以改善其焊接条件和提高产品质量。这对高强度合金钢、低温设备或承受动载荷作用的部件的焊接更为重要。另一方面，根据尺寸要求，切去边缘的多余金属并开出坡口，可保证焊缝焊透而所需填充金属又为最少。

二、钢板边缘加工方法

（一）氧气切割

氧气切割是一种最常用的热切割方法。氧气切割具有设备简单、投资费用少、操作方便且灵活，性能好等一系列特点，尤其是能切割含曲线形状的零部件和大厚工件，切割质量好。因切割后残留的熔渣对焊接质量有一定影响，所以切割后必须将熔渣清除干净。

（二）电弧气刨

电弧气刨将碳棒作电极，与被刨削的金属间产生电弧将金属加热到融化状态，然后用压缩空气把融化的金属吹掉，工效较高。电弧气刨的主要设备是容量较大的直流电源、一只电弧气刨手把、压缩空气储罐、电极（图3-18）。

电弧气刨手把从外观上看类似手工电弧焊夹持焊条用的电钳，连着一条通压缩空气的软管，通过电缆将电源一极与其相连。手把上夹持的是一根不熔化、表面镀铜的实心碳棒，在结构上手把的钳口还有压缩空气的孔道，它可以在钳口的一侧开孔，也有的沿钳口圆周方向

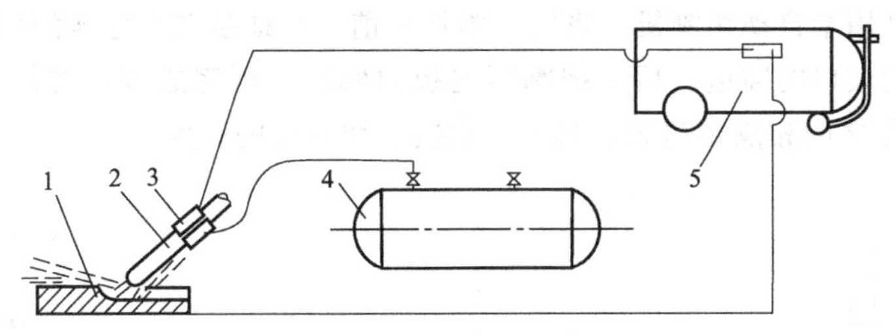

图 3-18　电弧气刨示意图

1—工件；2—碳棒；3—手把；4—压缩空气储罐；5—直流电焊机

开孔。工作时压缩空气通过这个孔道将电弧熔化的金属从弧中吹掉。也有将电缆和压缩空气合二为一的专用软管，压缩空气在软管中流动还可以起到冷却电缆的作用。气刨这一工序大多用在已成形的工件上，在进行组装过程中或焊后发现缺陷需要返修时应用，尤其适合于深坡口的加工，即挑焊根时应用。

（三）在刨边机上进行板材的边缘加工

压力容器坡口加工主要在刨边机上进行（图 3-19），刨边机由立柱、液压压紧装置、横梁、刀架、走刀箱等主要部件组成。

图 3-19　刨边机外形结构

刨边机的坡口加工有直边和斜边两种，刨边的加工余量随钢材的厚度、钢板的切割方法而不同，一般刨边加工余量为 2～4mm。加工时先将工件固定在刨边机的床身上，并用油泵压紧。由于刀架能沿床身直线运动，因此在刨边机上可将钢板的边缘加工成各种形式的坡口。

另外，也可在刨边机的刀架上装一个动力头，这样动力头除随刀架作直线运动外，其本身还能进行旋转，因此用于铣削板的边缘和加工板的端面、V 形及 U 形坡口等均具有很高的效率。用刨边机进行板材的边缘加工不仅质量好，而且效率高，因此在石油化工设备制造厂中广泛使用。但它与氧气切割进行板材的边缘加工一样，不能承担挑焊根的工作。

【相关技能】

氧气切割坡口

氧气切割坡口通常和钢板的下料结合起来，不仅能加工直线型坡口，而且还可方便地加工曲线形坡口。加工时所使用的设备与一般切割钢板的切割机完全相同，还可用两个或三个割嘴同时进行坡口加工。

1. 单面 V 形坡口的加工

手工切割是将割炬与工件表面垂直，割嘴沿着切割线匀速移动，完成切断钢板下料的工作。然后再将割炬向板内侧倾斜一定的角度，完成坡口的加工。切割后钝边就处于板的下部。

半自动切割利用半自动切割机，将两把割炬一前一后地装在有导轨的移动气割机上，前一把割炬垂直切割坡口的钝边，后一把割炬向板内倾斜，可完成坡口的加工任务。如图 3-20 所示。两把割炬之间相隔距离 A，其大小取决于切割板的厚度。

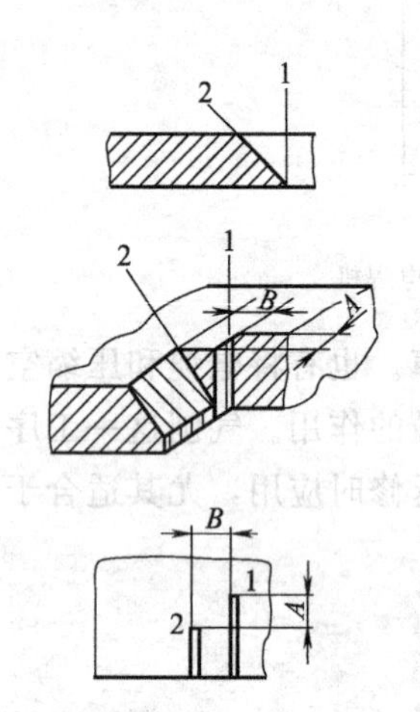

图 3-20　V 形坡口的气割加工

1—垂直割嘴；2—倾斜割嘴；

A—割嘴 1、2 之间的距离；

B—割嘴 2 倾斜的距离

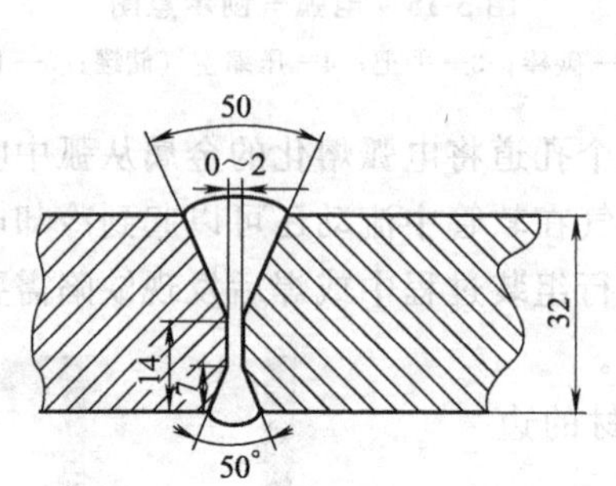

图 3-21　筒体纵缝坡口形式

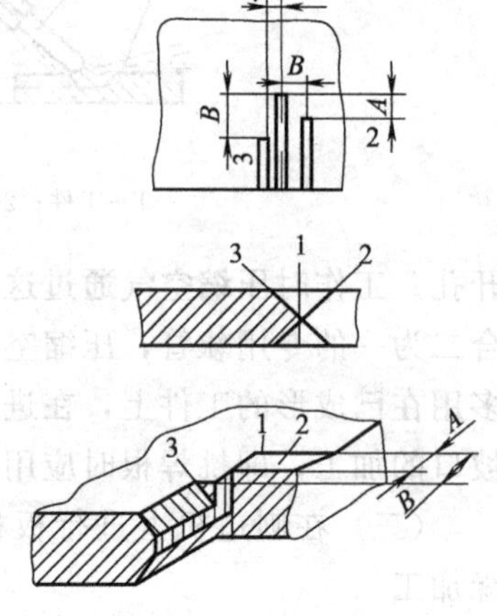

图 3-22　切割 X 形坡口

1—垂直割炬；2，3—倾斜割炬；

A—割炬 1、2 之间的距离；

B—割炬 1、3 之间的距离

2. 双面 X 形坡口加工

如图 3-21 所示，X 形坡口多用于较厚的钢板，用两把或三把割炬同时进行切割。割炬 1 在前面移动，垂直钢板切割出钝边；割炬 2 在后面与割炬 1 相距 A 距离，并向外倾斜一定角度，负责切割钢板的底面坡口；割炬 3 与割炬 1 相距 B 的距离，向内倾斜切割出钢板的向上坡口。三个割炬的排列方式如图 3-22 所示。三个割炬同时工作可一次割出 X 形坡口。

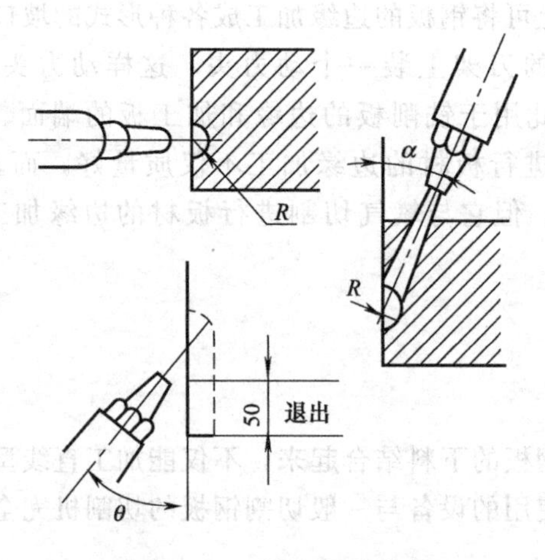

图 3-23　U 形坡口的加工

3. U 形坡口的加工

开 U 形坡口由碳弧气刨和氧气切割联合完成。首先由碳弧气刨在钢板边缘做出半圆形凹槽，如图 3-23 所示凹槽的半径应与坡口底部的半径相等。然后用氧气切割按规定的角度切割坡口的斜边，这个角度通常在10°～30°左右。切出的斜边应在凹槽的内表面相切的方向上。

【考核评价】

任务三　考核评价表

序号	考评项目	分值	考核办法	教师评价(60%)	组长评价(20%)	学生评价(20%)
1	学习态度	20	出勤率、听课态度、实训表现			
2	学习能力	10	回答问题、获取信息、制定及实施工作计划			
3	操作能力	50	1. 设备的正确使用(10分) 2. 坡口加工质量(10分) 3. 安全文明生产情况(10分)			
4	团队协作精神	20	小组内部合作情况、完成任务质量、速度等			
合计		100				
综合得分						

【思考与练习】

1. 为什么说碳弧气刨是一种辅助切割？而在压力容器制造中得到广泛的应用？
2. 焊缝的坡口有哪些加工方式，各有什么特点？
3. 刨边机进行坡口加工的使用场合？
4. 氧-乙炔切割方法进行坡口加工的适用场合？

情境四

筒体的卷制

学习领域	压力容器的制造安装检测	
学习情境四	筒体的卷制	课时:4 学时
学习目标	1. 知识目标 (1)了解卷板机的结构工作原理。 (2)熟悉筒节卷制按温度可分为冷卷、热卷和温卷。 (3)熟悉卷板机的卷制工艺。 2. 能力目标 能够正确使用卷板机按照操作规程对筒节进行卷制。 3. 素质目标 (1)培养学生语言表达能力。 (2)培养学生团队协作意识和严谨求实的精神。 (3)培养学生良好的心理素质和解决问题的能力	

一、任务描述

在上一个项目中完成了筒体材料的切割下料和边缘加工后,本项目的任务就是使用卷板机设备对筒体材料材质16MnR,厚度12mm的钢板进行卷制,在任务完成过程中,要了解卷板机的结构及工作原理、熟悉圆筒卷制的主要步骤,掌握使用卷板机完成筒节卷制的基本技能。

二、相关材料及资源

1. 教材。
2. 卷板机。
3. 钢板。
4. 相关视频材料。
5. 教学课件。

三、任务实施说明

1. 学生分组,每小组5~6人。
2. 小组进行任务分析和资料学习。
3. 现场教学。
4. 小组讨论,认真阅读卷板机的结构和工作原理。
5. 小组合作,在工人师傅的指导下完成氧气缓冲罐的筒节卷板工作。
6. 检查、评价。

四、任务实施要点

1. 确定本任务中筒节在卷制过程中采用冷卷、温卷或者热卷。
2. 采用对称式三辊卷板机进行卷制筒节时首先要对钢板进行预弯,利用现有工具和设备选择合适的预弯方法。
3. 根据卷边机工作原理和所用卷板机的操作规程完成本任务筒节的卷制工作。
4. 筒节卷制后若存在缺陷应及时处理。
5. 焊接完成后对筒节进行校圆

【相关知识】

压力容器制造过程中筒节的成形方法最常见的是卷制成形，生产中习惯称为滚圆，也称卷板。

单层卷焊式压力容器的筒节，在钢板下料后，在卷板机上卷制成形。由于筒节卷制结构的制造工艺和工装简单，生产效率高，适用范围广，质量可靠，因此在实际生产中除了单层卷焊式结构外，也成为其他多种结构（如多层包扎、热套、扁平钢带、多层绕板等）压力容器筒节成形的基础。

一、卷板机的结构和工作原理

卷板机由于使用的领域不同，种类也就不同。容器制造厂一般都按各自不同的生产规模和产品特点配置技术水平和卷板能力不同的各种类型的卷板机。

卷板机的类型很多，性能也日益完善。特别是随着工业生产装置规模的大型化以及一些新工艺的应用，要求使用一些特大、特厚的容器，为适应制造这些特殊容器的要求，发展了一些重型卷板机，其冷卷能力可达到厚度×宽度为250mm×4500mm，热卷厚度×宽度为400mm×4500mm以上。虽然卷板机的类型很多，由于其基本功能部件是轧辊，因此最基本的分类可分为三辊卷板机和四辊卷板机两大类。现就这两种基本类型的卷板机的结构和特点加以介绍。

1. 对称式三辊卷板机

对称式三辊卷板机的三个辊按正三角形布置（图4-1），上辊可以垂直升降，工作时上辊下压使钢板在上下辊之间发生塑性变形而弯曲，两个下辊为驱动辊并起支撑钢板的作用，其两端采用滑动轴承，辊轴的轴线不移动，但下辊同向等速转动，通过板与辊之间的摩擦力带动钢板进、退完成卷制。

图4-1　对称式三辊卷板机

如图4-2所示。这种卷板机结构简单，价格便宜，在中小规格压力容器制造中应用广泛。但由于对称式三辊卷板机上钢板的最大塑性弯曲发生在上辊接触处，即两下辊支点的中央，因而在钢板两端会各有一段（约为两下辊距一半的长度）平直部分无法弯卷，这是对称式三辊卷板机本身无法解决的。为了获得完整的圆筒形，在弯卷前必须将钢板的两端预制成所需弯曲半径的弧形，此项工作称为预弯。

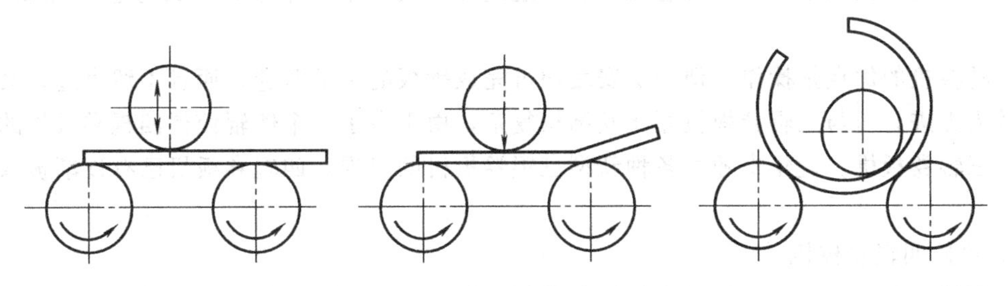

图4-2　对称式三辊卷板机工作原理

图 4-3 非对称式三辊卷板机

2. 非对称式三辊卷板机

非对称式三辊卷板机以工作辊不对称配置为特点（图 4-3），上下工作辊轴心线形成的垂直面相对有一较小的偏移距离，且下工作辊可垂直升降，边工作辊可倾斜升降，工作时板料处于上下辊之间，使板料的前端边缘进入侧辊，并将其放正，升起下辊，使板料紧紧地压在上下辊之间。然后升起侧辊，并开动电动机使辊子转动，从而使板料弯曲。图 4-3 所示为非对称式三辊卷板机。

如图 4-4 所示，由于上下辊夹紧点前或后的板端很短，剩余直边一般仅达公称卷板厚度，预弯效果好，但若使板料全部弯卷，需进行二次安装，因而使操作复杂化了。同时由于这种卷板辊子排列不对称，若较厚的钢板采用非对称三辊卷板机则无法弯卷。

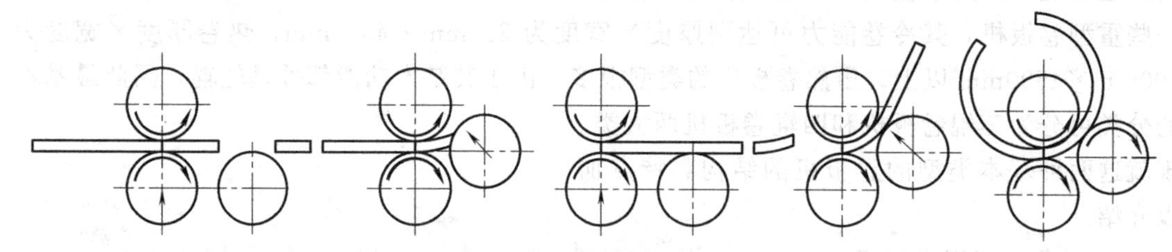

图 4-4 非对称三辊卷板机工作原理

3. 对称式四辊卷板机

四辊卷板机的结构如图 4-5 所示，卷板机上辊为驱动辊，下辊为从动辊可上下垂直调节，两侧为辅助辊，可独立调节位置如图 4-6 所示，上辊由电动机-减速器动力系统驱动，从动辊可以上下移动以夹紧不同厚度的钢板，两侧辊可沿斜向升降以产生对钢板施加塑性变形所需要的力。工作时将钢板一端置于上下辊之间放正，下辊上升使钢板压紧，然后利用左侧辊的斜向移动使钢板端部产生预弯，开启电动机卷板至钢板另一端，再利用侧辊的斜向运动使钢板的另一端产生预弯。连续弯卷几次后，达到需要的筒节曲率半径，其弯卷过程如图 4-6 所示。

图 4-5 四辊卷板机

该卷板机的优点是操作方便一次安装便可完成钢板的全部弯卷，而且不留直边，其加工性能较为先进，但与三辊卷板机相比其结构复杂，由于多了一个侧辊使得四辊卷板机的造价远高于三辊卷板机。近年来随着各种新型三辊卷板机的出现，四辊卷板机已有逐渐被取代的趋势。

4. 数控四辊卷板机

随着科学技术的发展，新型的数控卷板机（图 4-7）也在逐步走进我国的一些企业。四

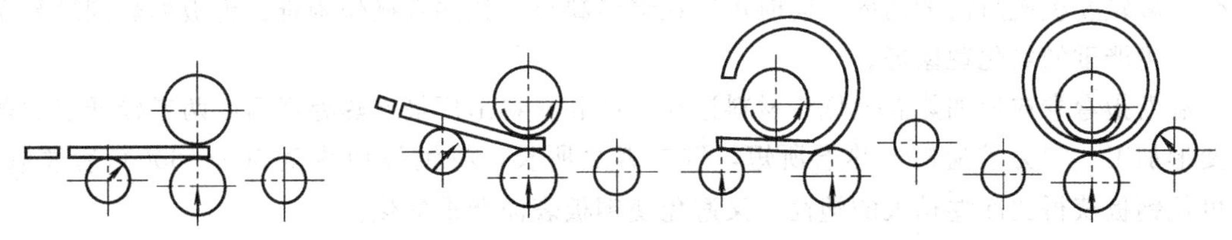

图 4-6　四辊卷板机工作原理

图 4-7　数控四辊卷板机

辊卷板机主要组成有：上、下辊，两侧辊、支撑辊和其他辅助机构。在卷制钢板过程中首先通过提升下辊来压紧钢板，然后通过升降前、后辊子调节卷制的半径 。前、下、后辊沿着各自轨迹运行，升降前、下、后辊的动力由液压系统提供 。上辊的旋转动力由直流电机提供，通过直流调速器控制上辊旋转速度 。在电气控制中各个辊子的位置通过辊子上的编码器反馈。机器工作时下辊压紧上辊，支撑辊压紧下辊，各辊子压力通过压力继电器反馈 。触摸屏读取 PLC 的反馈信号监视辊子位置和状态。

数控四辊卷板机可根据卷制板厚、板宽、卷筒直径、屈服极限及回弹修正系数等参数，自动计算并优化出卷制次数、每次下辊和侧辊的升降位移量、板料的进给量、每次压下的理论成形半径和各辊负载，卷锥筒时的上辊倾斜量、预弯时最小剩余直边等工艺参数，并实现自动控制。

二、卷制温度的确定

根据卷板机的结构和卷板能力、钢材的强度、钢板的厚度及弯曲半径的不同，卷制温度可分为常温、高温、中温，即冷卷、热卷和温卷。

冷卷指在自然环境温度下进行的弯卷成形。冷卷不需要加热设备，不产生氧化皮，操作方便，成本低。钢板弯卷的塑性变形程度可用变形率表示。钢板弯卷的塑性变形程度沿钢板厚度方向是不同的，外侧伸长，内侧缩短，中性层可以认为长度不变。按外侧相对伸长量计算变形率为

单向拉伸　变形率（%）$\varepsilon=50\delta[1-(R_f/R_o)]/R_f$（如筒体成形）

双向拉伸　变形率（%）$\varepsilon=75\delta[1-(R_f/R_o)]/R_f$（如封头成形，筒体折边）

式中　δ——板材厚度，mm；

R_f——成形后中面半径，mm；

R_o——成形前中面半径（对于平板为∞mm ）。

由上式可以看出，钢板越厚或厚度相同而弯曲半径越小时钢板的变形就越大。在冷卷成形过程中，随着变形率的增大，金属会出现强度、硬度上升而塑性韧性下降的冷作硬化现象，故应在冷卷钢板时限制其变形率，通常在生产中碳钢和低合金钢等的变形率控制在 5%以内，而奥氏体不锈钢的变形率在 15%以内，若超出此限制则一般不采用冷卷（若采用，应在冷卷后进行热处理，以消除严重的冷作硬化现象），此时一般采用热卷或温卷。

热卷指弯卷成形终止温度不低于该材料退火或固溶热处理温度的塑性变形加工，一般碳钢和低合金钢应加热到 950～1050℃之间，同时加热要均匀，操作要迅速，终止温度不应低于 750℃；不锈钢加热到 950～1100℃，终止温度不低于 850℃。热卷能防止材料的冷加工

硬化，减轻卷板机所需的功率。同时也存在诸多缺点：如热卷操作困难，钢板加热到较高温度会产生严重的氧化现象等。

温卷指弯卷成形加热温度低于材料退火温度和材料出厂最终热处理温度两者较低值的塑性变形加工。它力求避冷、热卷所短，取二者之所长，将钢板加热至500～600℃后卷制，即可使钢板获得比冷卷稍大的塑性，又避免使钢板表面严重氧化。

三、锥形壳体的成形

压力容器结构中常见的锥形封头或者变径段都是锥形壳体，锥形壳体的特点是从大端到小端其曲率半径是逐渐变化的，而且其展开面为一扇形曲面。锥形壳体卷制时要求卷板机的辊子表面的线速度从小端到大端逐渐变大，其变化规律要适合各种锥角和直径锥体的线速度变化要求，这是实际生产中难以做到的，因此锥形壳体的制造通常可用压弯成形法、卷制成形法和卷板机的辊子倾斜方法。

1. 分区卷制法

使用的仍是卷制圆柱面筒体的对称三辊卷板机，将扇形板坯分成若干个形状和面积相同的区域，即划线分成若干个相同的扇形小区，使大小端的曲线长度差减小，如图4-8所示，然后在卷板机上按各条射线进行弯卷，待两边缘对合后进行点焊，再进行矫正，最后焊接。

用分区卷制法时，虽可用一般的对称三辊卷板机，但仅适合薄壁钢板的锥形壳体成形，对于厚壁锥形壳体，则需将坯料分成几小块扇形板，按射线卷制后再组合焊接成锥体，并且这种方法对不能卷制的小直径锥体尤为适用，但此方法费工时，劳动量很大，只有在单件生产时才采用。

2. 小端减速法

在对称三辊卷板机上，上辊调整呈倾斜位置，并在板坯小端一侧加装一种减速装置（即辅助轮）以增加板坯小端的送进阻力，如图4-9所示在轴承的轴承座上安放一对辅助滚轮(短圆柱)，并使它们对称于上辊轴线，把要卷的毛坯扇形钢板小圆弧顶着辅助滚轮，上辊下压到一定程度后，开动卷板机，按理扇形板大小两端都要匀速向前移动，但此时由于辅助滚轮阻挡了小端的直线前进方向，成形阻力迫使小端只能沿着小头的圆弧卷曲前进，达到了小端速度慢，大端速度快，这样就可以符合圆锥面弯卷原理而卷制成锥形壳体。

3. 卷板机上辊倾斜法

这种方法的要点是将卷板机上辊（对称式）或侧辊（不对称式）调倾斜，使扇形小端的弯曲半径比大端的小，从而能卷成锥体。

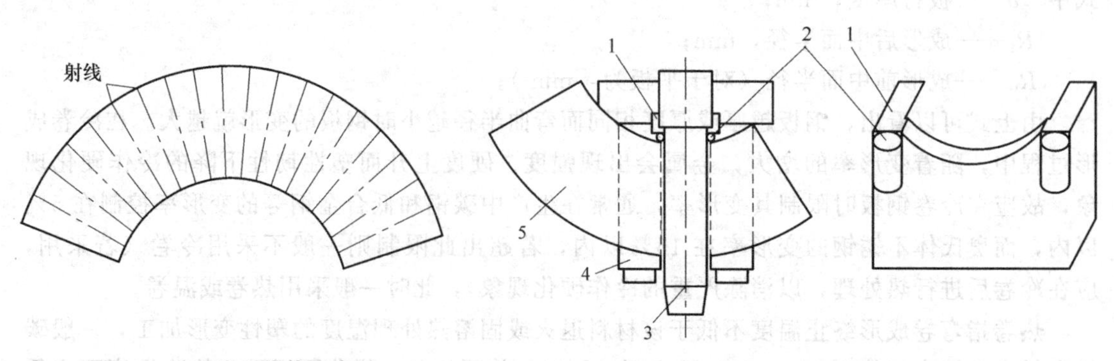

图4-8　分区卷制锥体示意图

图4-9　小端减速法卷制锥体示意图

1—阻力工具；2—辅助滚轮；3—上辊；4—下辊；5—扇形坯料

四、常见弯卷缺陷及处理方法

1. 过卷

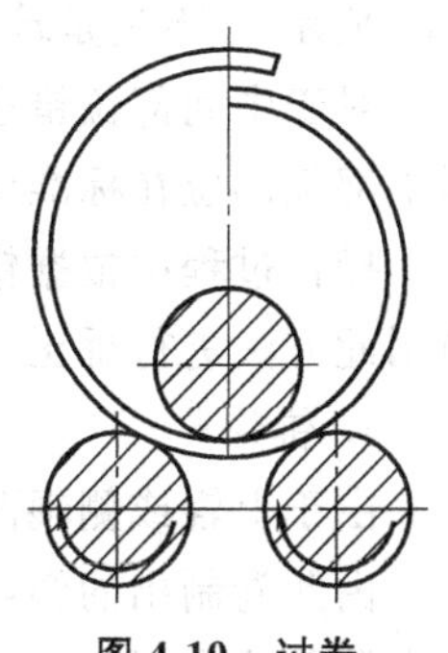

图 4-10　过卷

即弯卷过度，指圆筒弯卷成形后圆筒的曲率半径小于规定值，如图 4-10 所示。过卷是由于弯卷过程调节不当而造成的，为了防止过卷缺陷的产生，在弯卷时应注意每次调节上辊和侧辊的位移量，并在卷制过程中随时用规定半径值的弧形样板检查圆筒的半径。

如发现弯卷过度，可用大锤击打筒体，使直径达到规定值，或者采用人力加压法，此方法常对于曲率较大的圆筒比较方便操作，如图 4-11 所示，可以利用下辊为支点，在远端站上一人或二人施以压力，边加压边往后移动板，即可达到放弧的目的。也可以采用起吊拉直法，如图 4-12 所示，此法常使用在曲率即将达到设计曲率时，由于误操作而使压力过大，形成过卷，可利用吊车将上端吊起使之放弧，转卷一段放一段，直到放完全板，调节上辊后重新卷制。

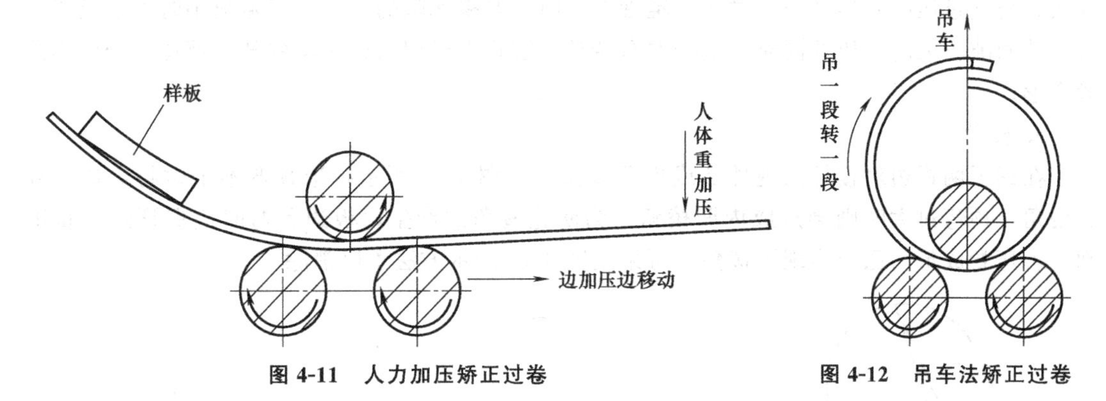

图 4-11　人力加压矫正过卷　　图 4-12　吊车法矫正过卷

2. 错口

圆筒弯卷成形后端部边缘不是平面内的圆而是一条螺线，如图 4-13 所示。错口是卷制圆筒的常见缺陷，错口是由于初卷时钢板的位置未放正所导致。微错口的调节方法可用人力矫正，如图 4-13 所示是在长角的下辊轴上转入一扁钢，若错口较小时可采用薄扁钢，当错口较大时应采用厚扁钢，但扁钢的端部必须呈钝刃状，以便顺利转入，且应使扁钢骑于端口，以增加矫正力。或使用吊车使其向后移动，在移动同时再配和使用 F 形圆钢施以扭力，便可使错口得以矫正。

3. 错边

错边也是卷制圆筒经常出现的一种缺陷，错边可发生在端部也可发生在中间部位。如图

图 4-13　一侧垫铁法矫正错口

图 4-14　任何位置错边的矫正

4-14 所示，不论是端部错边还是中间部位错边都可以使用 F 形钢加以矫正，如图 4-14 所示，对于中间部位错边的圆筒，在一边采用 F 形钢提压之，有意地造成过大的错边，以取得中部某部位在标准允许范围内的错边，这样合适一点点焊一点，直至圆筒的端部。

操作过程中根据错边的位置随时改变 F 形圆钢的施力方向。错边在圆筒两端的同样可使用此方法进行矫正。

4. 锥形

由于上辊或侧辊两端的调节量不同，导致上、下辊或侧辊与上下辊的轴线间出现了不平行，由此卷制出的圆筒将会出现锥形，如图 4-15 所示，为了防止卷制过程中出现锥形，应在卷制前检查好各辊轴之间轴线的平行度，并不断检查弯卷圆筒两端的曲率半径，如果出现锥形，应限制曲率半径小的一端的进给量。

若圆筒卷制成形后一端合适，一端间隙较大也就是锥度较小时可采用双 F 形钢矫正，如图 4-16 所示，可在圆筒两对接板端卡以 F 形圆钢，用力下压，间隙便会缩小。

另一种处理方法是过压法，将圆筒的一端加强点焊，所谓加强点焊就是说比一般点焊疤要大，防止过压时发生开裂，过压上辊轴的同时，要视间隙的大小，间隙很小时可以只压不转，若间隙较大时，压的同时应配合左右转动，防止由于用力过大集中某一部位而产生不圆滑变形。

5. 棱角

在钢板两板边对接处出现外凸或内凹现象。如图 4-17 所示板边预弯不足时将会造成外凸棱角，预弯过大时则会造成内凹棱角。为防止棱角的产生，板边预弯时应保证预弯量准确，若弯卷成形后已经出现了棱角，可采用图 4-17 所示方法予以消除

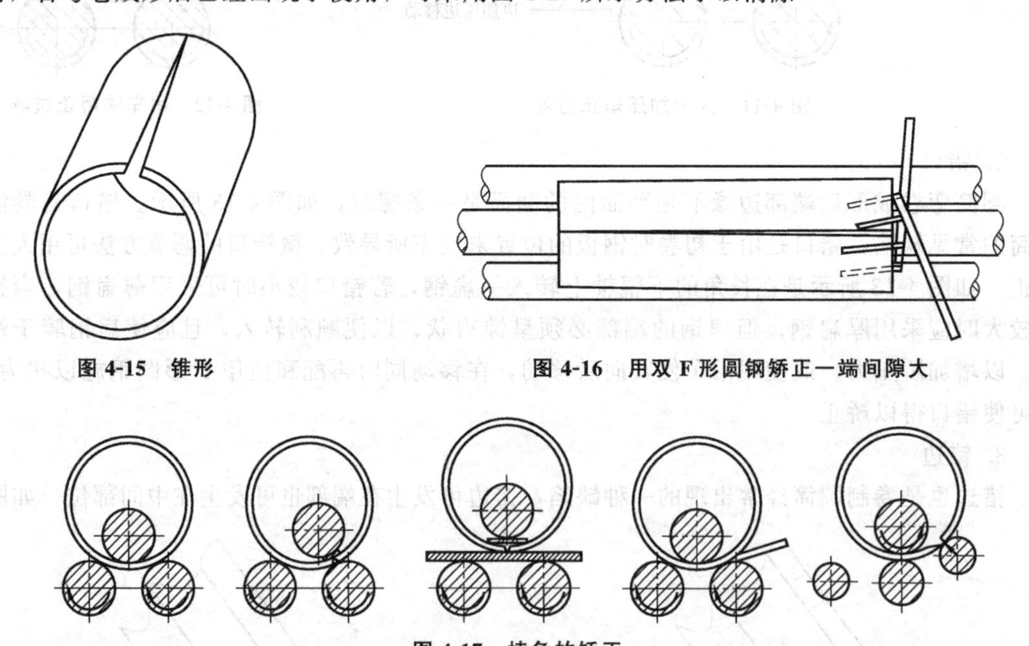

图 4-15 锥形

图 4-16 用双 F 形圆钢矫正一端间隙大

图 4-17 棱角的矫正

6. 鼓形

由于辊轴的刚度不够，在弯卷过程中辊轴出现弯曲变形，致使出现鼓形，如图 4-18 所示。为防止此缺陷的发生需要增加辊轴的刚度以减少或降低弯曲变形，可采用在辊轴中间增设支撑辊等方式加以解决。

7. 束腰

束腰是卷制圆筒出现两端大中间小的形状，如图 4-19 所示。它是由于上辊或下辊压力过大，为防止出现束腰现象，弯卷圆筒时应适当减少辊轴的压力或顶力来予以解决。

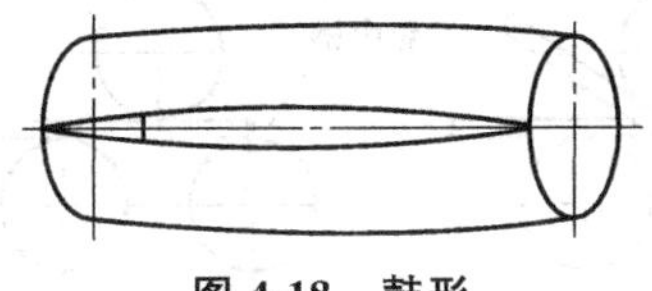

图 4-18　鼓形

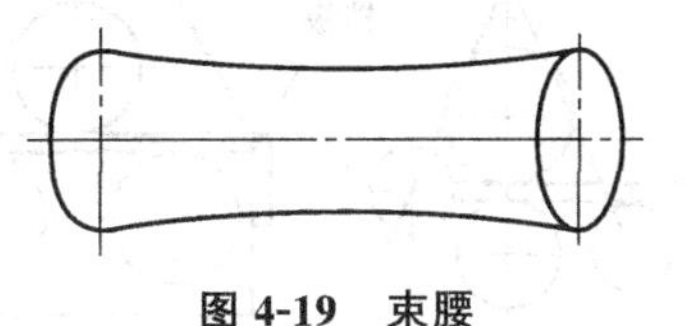

图 4-19　束腰

【相关技能】

筒节卷制成形

1. 筒体卷制前的准备工作

① 熟悉图纸和工艺技术文件，确定此任务的材质为 Q345R，规格为 12mm，要求卷制成公称直径为 2000mm 的圆筒。

② 按照工艺技术文件要求确定筒体卷制温度（本任务通过计算变形率可知冷卷即能满足工艺要求），并确定筒体卷制公差要求。

③ 按照工艺技术文件核对筒节的下料尺寸是否正确，并核对下料标记确定卷制方向（材质标记应在外侧）。

④ 检查卷板机是否处于完好状态，做好筒节卷制前的准备工作。

2. 预弯

在使用对称式三辊卷板机卷板时钢板的两端一般都需要预弯。钢板预弯的方法通常有以下几种方法。一种是采用曲率适宜且有足够刚性的模板压垫在卷板机上进行预弯，如图 4-20 所示。另一种是采用曲率适宜的模具在压力机（如液压机）下对直边段进行预弯，如图 4-21 所示。再有一种是采取逐点压弯法进行预弯，如图 4-22 所示。若采用四辊卷板机可直接使用两侧辊进行预弯。

钢板预弯时预弯长度应大于三辊卷板机两个下辊中心距尺寸的 1/2。预弯时钢板预弯段应随时用样板检查预弯曲率半径，在预弯长度内，预弯圆弧与检查样板间隙 $h \leqslant 1$mm，检查样板曲率半径的公称尺寸宜比图样名义尺寸小 0.5～1mm。

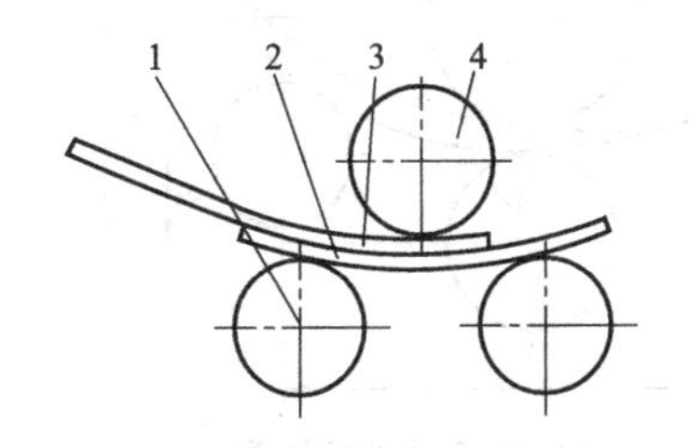

图 4-20　采用三辊卷板机预弯

1—下辊；2—垫板；3—钢板；4—上辊

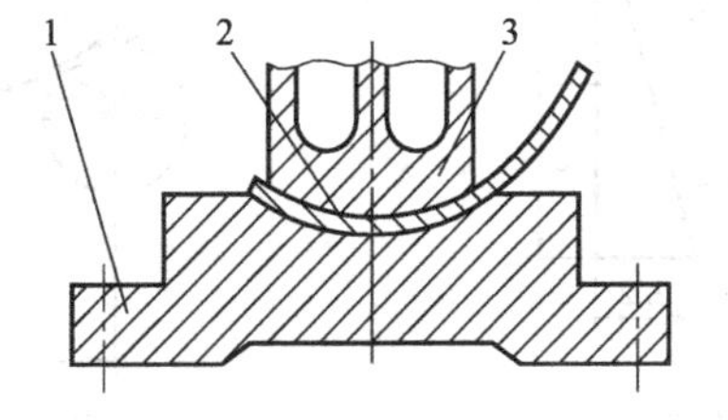

图 4-21　采用压力机预弯

1—下模；2—钢板；3—上模

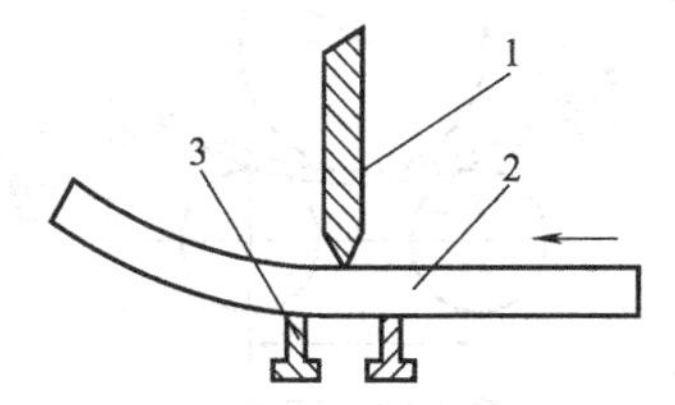

图 4-22　采用逐点压弯法预弯

1—压头；2—钢板；3—支撑

3. 对中

被卷制钢板应放在轴辊长度方向的中间位置，并应对钢板的位置进行校正，使钢板对接口边缘须与轴辊中心线平行。对中的目的是防止产生扭斜，保证弯卷后筒节几何形状的准确，对中的方法有侧辊对中、专用挡板对中、倾斜进料对中、侧辊开槽对中等。如图 4-23 所示。

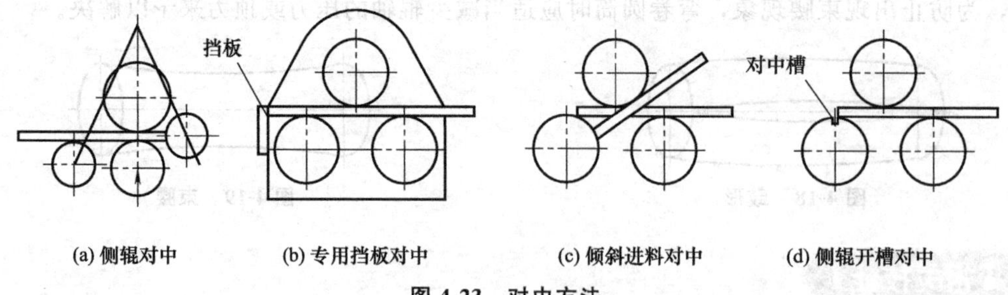

(a) 侧辊对中　(b) 专用挡板对中　(c) 倾斜进料对中　(d) 侧辊开槽对中

图 4-23　对中方法

4. 弯卷

弯卷成形是筒体卷制的关键步骤，在用对称式三辊卷板机弯卷圆筒时，应逐次调整上辊下移，使钢板卷制成筒体。钢板弯卷时的可调参量是上、下辊的垂直距离 h，h 取决于弯曲半径 R 的大小，其计算可以从弯卷终止时三辊的相互位置（见图 4-24）中求得 h，h 的大小为：

$$h=\sqrt{(R+\delta+r_2)^2-(l/2)^2}-(R-r_1)$$

式中　R——圆筒弯卷半径，mm；

r_1——上辊半径，mm；

r_2——下辊半径，mm；

δ——钢板厚度，mm。

l——两下辊间的中心距，mm。

对于四辊卷板机可调参量上下辊的中心距 H、两侧辊和下辊的中心距 h 与弯曲半径 R 的计算如下。弯卷终止时四辊的位置如图 4-25 所示。

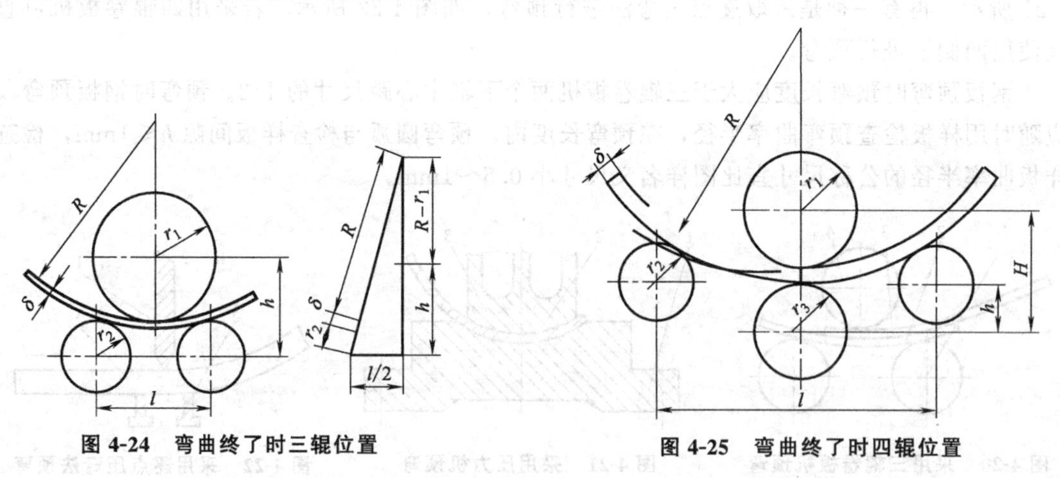

图 4-24　弯曲终了时三辊位置　　图 4-25　弯曲终了时四辊位置

$$H=r_1+r_2+\delta$$

$$h=R+\delta+r_2-\sqrt{(R+\delta+r_3)^2-(l/2)^2}$$

式中　R——圆筒弯卷半径，mm；

r_1——上辊半径，mm；

r_2——下辊半径，mm；

r_3——侧辊半径，mm；

δ——钢板厚度，mm；

l——两下辊间的中心距，mm。

上面各式中所求的中心距为钢板弹性恢复前的数据。实际生产中，卸载后往往会因为弹性恢复而使弯卷筒体直径变大，因此应根据实际经验取计算值较小的数值。

在圆筒卷制过程中钢板应逐渐弯曲，卷制成形。使用三辊卷板机时上辊每下移一次需开动卷板机，使圆筒在卷板机上往返卷一、二次。在每次调整三辊卷板机上辊下移或四辊卷板机两侧轴辊倾斜上移后，卷弯时都要采用样板检查曲率半径的大小，预防弯曲过量，直至筒节弯曲半径完全吻合为止。

若使用四辊卷板机时应多次逐级调整两侧辊斜向移动使钢板多次往返弯卷，直至板端接触并对齐。在卷制过程中，应使钢板两侧与轴辊中心线垂直，经常进行检查预防跑偏，造成端面错边，且应调整卷板机的轴辊互相保持平行，以避免卷制的筒节出现锥形。

筒节卷制成形后，用专用工装夹具将纵缝对接平直、两端面对齐，间隙符合图样和工艺文件的要求，纵缝对接偏差符合表 4-1 规定，定位焊应按产品相应的焊接工艺、焊接材料和《手工电弧焊通用工艺守则》进行。

表 4-1　压力容器筒体纵缝对接错边量

对接处的名义厚度 δ_n/mm	对接错边量 b/mm
≤12	≤1/4δ_n
12<δ_n≤50	≤3
>50	≤1/16δ_n 且≤10
换热器筒节	≤1.5

5. 校圆

筒节纵缝焊接完成后，由于焊接时焊缝的收缩变形使得筒节出现了圆度误差，为了消除误差常采用校圆来改变。采用卷板机校圆，将卷板机上、下辊调至所需最大矫正曲率位置，可根据经验或计算确定。使筒节在矫正曲率下滚 1～2 圈并着重滚卷焊缝区附近，使整圈曲率均匀一致。卷板机卸载时应逐渐卸除载荷，使筒节在逐渐减小的矫正载荷下多次滚卷，并用样板逐次检查使校矫筒节应达到下面规定，否则应找好筒节不圆度。圆度 e 是同一断面上最大内径与最小内径之差。

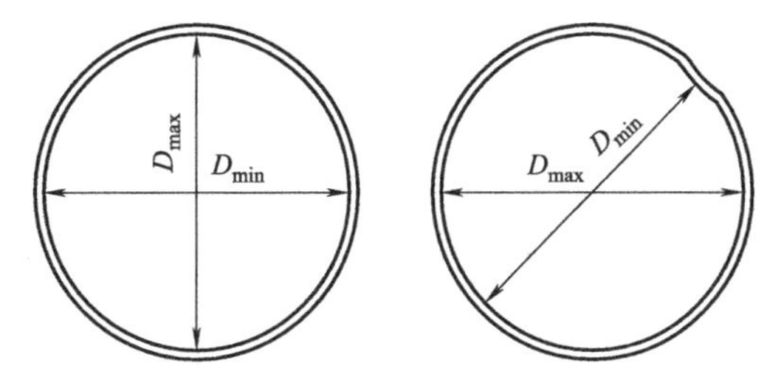

图 4-26　同一断面最大最小直径差

对于承受内压容器的筒节的圆度，要求如下：筒节同一断面的圆度，应不大于该断面内径 D_i 的 1% ，且不大于 25mm（见图 4-26）；当被检断面位于开孔中心一倍开孔内径范围内时，则其圆度应不大于该断面内径 D_i 的 1%与开孔内径的 2%之和，且不大于 25mm 。换热器的圆度应符合 GB 151 的要求

对于承受外压及真空容器的筒节，按如下要求检查壳体的圆度：对外压容器，圆度的控制应严格满足 GB 150 的相应要求或符合下述规定：检查采用内弓形或外弓形样板，样板圆弧半径等于设计内半径或外半径（依测量的部位而定），其弦长按工艺卡的规定。测量点应避开焊缝或其他凸起部位。采用样板沿壳体外径或内径径向测量的最大正负偏差 e 应满足工艺卡的要求。

【考核评价】

情景四　考核评价表

序号	考评项目	分值	考核办法	教师评价（60%）	组长评价（20%）	学生评价（20%）
1	学习态度	20	出勤率、听课态度、实训表现			
2	学习能力	10	回答问题、获取信息、制定及实施工作计划			
3	操作能力	50	1. 操作前准备（10分） 2. 筒体卷制过程（20分） 3. 筒体卷制质量（10分） 4. 安全文明生产情况（10分）			
4	团队协作精神	20	小组内部合作情况、完成任务质量、速度等			
合计		100				
		综合得分				

【思考与练习】

1. 利用对称式三辊卷板机卷制筒节时，直边产生的原因及处理方法？
2. 什么是冷卷和热卷，冷卷和热卷的区别？
3. 冷卷成形卷制筒节的步骤？
4. 什么是筒节过卷，出现过卷时常用的处理方法？
5. 锥形壳体的成形方法？

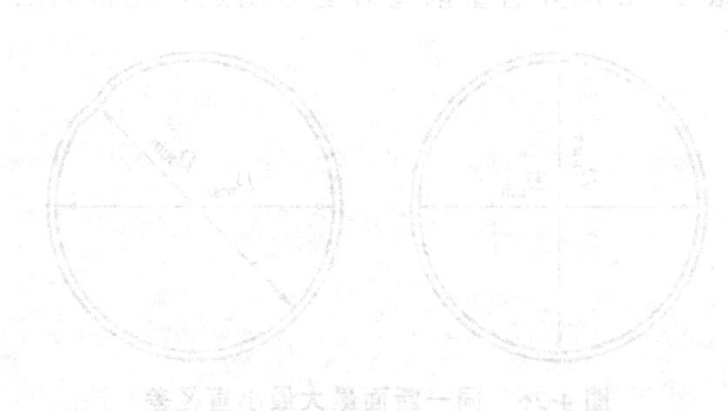

封头的成形

【学习任务单】

<table>
<tr><td>学习领域</td><td colspan="2">压力容器的制造安装检测</td></tr>
<tr><td>学习情境五</td><td>封头的成形</td><td>课时:4学时</td></tr>
<tr><td>学习目标</td><td colspan="2">1. 知识目标
(1)了解封头冲压成形设备、成形过程。
(2)了解封头旋压成形设备、成形过程。
(3)掌握封头外协加工的基本要求和验收要点。
(4)掌握封头坯料的计算方法、焊缝布置及外协封头制造工艺卡的制定。
2. 能力目标
(1)能够完成外协封头制造工艺卡的制定。
(2)能够完成封头加工委托加工后的验收。
3. 素质目标
(1)培养学生语言表达能力。
(2)培养学生团队协作意识和严谨求实的精神。
(3)培养学生良好的心理素质和解决问题的能力</td></tr>
<tr><td colspan="3">一、任务描述
氧气缓冲罐的封头是下料委托外协加工的,本任务是要确定封头坯料尺寸、焊缝的拼接方式,完成外协封头制造工艺过程卡的制定(见表5-1),并对外协加工封头进行质量检验。
二、相关材料及资源
1. 教材。
2. 封头质量检验工具。
3. 封头。
4. 相关视频材料。
5. 教学课件
三、任务实施说明
1. 学生分组,每小组5～6人。
2. 小组进行任务分析和资料学习。
3. 现场教学。
4. 小组讨论,认真阅读封头制造相关资料,熟悉封头质量检验要点和封头制造工艺卡内容。
5. 小组合作,填写封头外协工艺卡,完成封头加工委托加工后的验收。
6. 检查、评价。
四、任务实施要点
1. 封头外协加工制造的工艺过程。
2. 封头坯料展开计算方法。
3. 正确地布置封头上的焊缝拼接。
4. 熟悉封头外协加工后的各项验收的标准</td></tr>
</table>

【相关知识】

封头的制造是压力容器制造过程中的关键工序，封头是由有资质的专业化工厂生产，有条件的制造厂也可以自己制作。容器制造企业可直接向封头生产厂家订货或下料委托外协加工，对委托外协成形后的封头要按规定进行验收。下料外协加工时，封头坯料尺寸的确定、焊缝的拼接、下料工艺卡的制定都是制造人员必须掌握的基本能力。

一、冲压成形

化工设备的封头有平板形、锥形、碟形、椭圆形及球形。常用的有椭圆形和球形封头，它们的成形方法有冲压成形、旋压成形和爆炸成形。以冲压（即模压）和旋压成形最为常用。

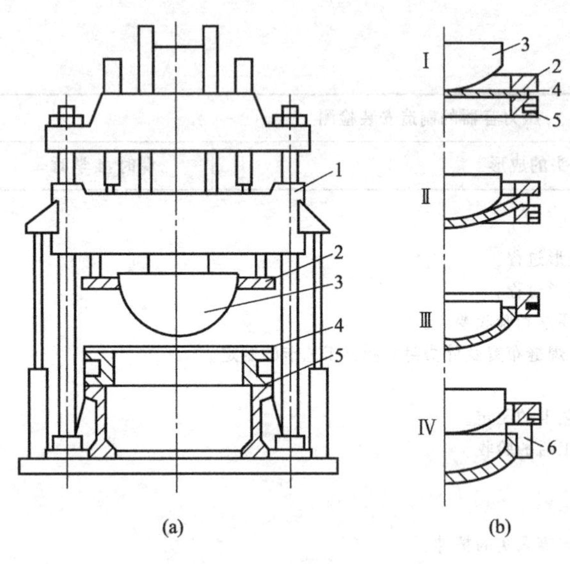

图 5-1 水压机冲压封头过程

1—活动横梁；2—压边圈；3—上模（冲头）；4—毛坯；5—下模；6—脱模装置

（一）封头的冲压过程及设备

冲压成形根据板厚和封头规格的大小，可采用冷冲压和热冲压，对于规格较小、厚度较薄的工件，可以采用冷冲压，较厚及规格较大的工件采用热冲压。封头的冲压成形是在水压机或油压机上进行，如图 5-1（a）所示为冲压成形示意图。

冲压过程如图 5-1（b）所示，将封头展开并下料成圆形的板坯加热后放置在下模正中；然后开动水压机或油压机，使活动横梁向下移动，当压边圈与圆形板坯接触后，启动压边缸将板坯边缘压紧；接着冲头向下移动，当冲头与板坯接触时，开动主缸使冲头向下冲压而对板坯进行拉伸，如图 5-1（b）所示，直至板坯完全通过下模后，封头便冲压成形。随后开动提升缸和回程缸，将冲头和压边圈向上提升，与此同时，用脱模装置（挡铁）将包在冲头上的封头挡下来，并从下模支座上取出封头，结束冲压工作。

（二）冲压封头的制造工艺

一般封头的冲压工艺（见表 5-1、表 5-2）包括：准备坯料、下料、切割、焊缝拼接、焊接、无损检测、打磨、冲压成形、整形、检验、坡口加工。

1. 拼板

封头一般采用整体冲压，当封头展开的板直径大于钢板宽度时，只能拼接后冲压。此时其焊缝的布置应符合相关规定；封头各种不相交的拼焊焊缝中心线间距至少应为封头钢板厚度的 3 倍，且不小于 100mm，封头由瓣片和顶圆板拼接而成时，焊接接头只允许环向和径向，径向焊接接头之间最小距离也不得小于上述规定，如图 5-2 所示。另外，拼接焊缝的位置应注意尽可能错开封头

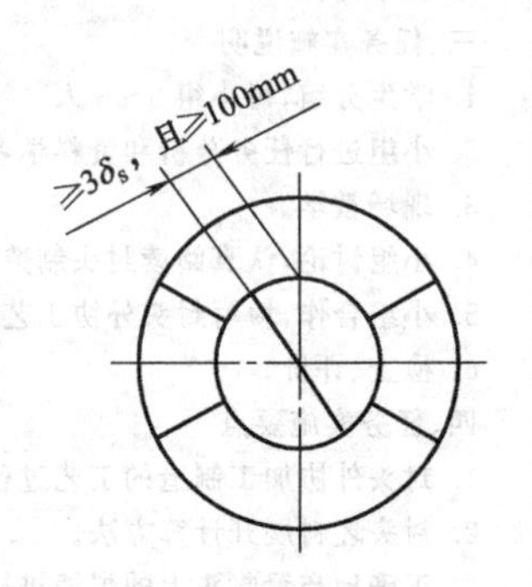

图 5-2 封头焊缝位置许可示意图

表 5-1　外协封头制造工艺过程卡（教学训练用）

设备制造厂	制造工艺过程卡						共 1 页
产品编号	R0642	件号	J-1	数量	1	容器类别	
零件名称	储罐封头	规格	EHA200×12	材质	16MnR	材　代	
领料记录	材料名称	16MnR	规格	$\delta_s=12$mm		材验号	
	领料者/日期		发料者/日期			审核/日期	

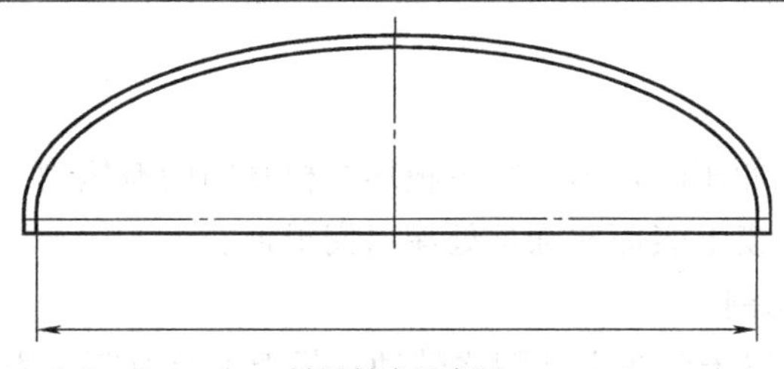

椭圆封头示意图

工序号	工 序 名 称	控制点	工艺与要求	施工单位 设备名称	施工者 日期	检查者 日期
1	原材料检验					
2	展开坯料的计算检验					
3	焊缝的排版拼接					
4	下料及坡口加工					
5	焊缝的焊接					
6	冲压后的质量检验要求					
编制		审核			年　　月　　日	

表 5-2　封头工艺过程卡（生产实践用）

产品名称	氧气缓冲罐	零(部)件件号	1	材料牌号	16MnR	制造编号	H0642Z
图号	0615-R2-1	数量	1 件	材料规格	EHA2000×12	产品编号	H0642

序号	车间	工种或设备	工序	工艺内容及技术要求	单件工时	
1	铆焊车间	铆工	领料	钢板 16MnR 应具有钢厂质量合格证明书原件或复印件，表面质量合格，标记清楚		
2		铆工	划线	按展开尺寸 ϕ2540mm×12mm 划线接板宽 2000＋540，做材料标记移植		
3		气焊工	切割	气割下料，并清除氧化物及渣瘤		
4		刨边机	刨边	刨坡口 FA1 坡口 I 形，角度 0°，坡口表面不得有裂纹、分层		
		铆工	组对	组对定位焊。对接间隙 $C=0^{+1}$mm，错边量 $b\leqslant 3$mm 清理坡口两侧 20mm 范围内的油污杂质。点焊引、熄弧板。组对成形前		
5		焊工	焊接	按《通用焊接工艺守则》、《埋弧自动焊工艺守则》及《焊接工艺规程》要求焊接焊缝 FA1 距焊缝 50mm 处，字头朝向焊缝，打焊工钢印		
6	探伤室	无损检测	射线检测	对 FA1 进行 100%RT 检测，按 JB/T 4730—2005 标准执行，照相质量等级不低于 AB 级，焊缝质量不低于Ⅲ级合格		
7	外委			冲压成形。气焊切割坡口 I 形，角度 0°，并清除氧化物及渣瘤		
8	质检组	检查员	检查	对加工成形后的封头做如下检查。 1. 检查封头出厂质量证明文件。 2. 检查材料标记移植。 3. 检查封头几何尺寸表面形状：(1)直边部分不得存在纵向皱褶；(2)用弦长相当于封头内直径的间隙样板检查封头内表面形状公差，样板与封头内表面的最大间隙——外凸不得大于 25mm；内凹不得大于 12.5mm；(3)直边部位最大最小直径差不大于 10mm；(4)封头直边高度 $25^{+2.5}_{-1.25}$；(5)检查坡口角度 0°；(6)超声波测厚，画出测点位置示意图，封头最小厚度不得小于 8.79mm；(7)无损检测，对封头圆弧过渡区进行 RT 检测，按 JB 4730—2005 标准执行		

上的工艺接管、视镜及支座的安装位置，避免焊缝叠加或距离过近。拼接后，打磨妨碍冲压部位（通常在封头弯曲边）的两面焊缝，使之与母材平齐，进入下道工序。

2. 板坯加热

封头冲压时，板坯的塑形变形很大，所以多数封头都用热冲压，特别是高压封头。冲压前，把板坯加热至始锻温度，放在压力机上冲压，到始锻温度时，停止冲压。典型材料的加热温度见相关制造工艺。

3. 冲压

放置板坯时应对中，冲压时，为了减少板坯与模具间的摩擦力、减少划伤以及提高模具寿命，在压边圈表面、下模上表面和圆角处涂以润滑剂。

4. 封头边缘余量的切割

如图 5-3 所示，封头置于转盘上并随之转动；机架上装有割枪固定设备，有弹簧使滚轮紧靠在封头外侧，以控制割嘴与封头之间间隙不会随封头椭圆变化而影响切割。

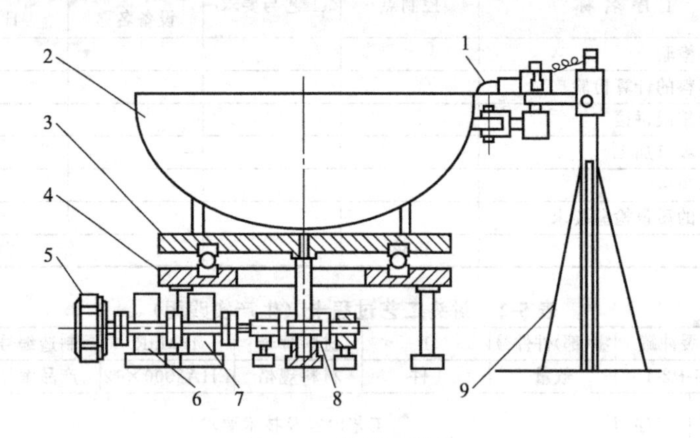

图 5-3 封头切割机

1—割嘴；2—封头；3—转盘；4—平盘；5—电机；6,7—涡轮减速器；8—螺旋副；9—切割机架

放置封头时，一定要注意方正，让转盘的回转轴尽量和封头的回转轴线重合，割前应按照封头的规格、直边尺寸划好切割线，并检查保证割炬在整个圆周上正冲切割线。

（三）冲压封头的典型缺陷分析

封头冲压时常出现的缺陷主要为拉薄、褶皱和鼓包等。其影响因素很多，简要分析如下。

1. 拉薄

碳钢封头冲压后，其壁厚变化如图 5-4 所示。对于椭圆形封头，直边部分壁厚增加，其余部分壁厚减薄，最小壁厚为 $(0.90\sim0.94)\delta$。球形封头由于深度大，底部拉伸减薄最多。

2. 褶皱

冲压时板坯周边的压缩量最大，其值为

$$\Delta L=\pi(D_p-D_m)$$

式中 D_p——坯料直径；

D_m——封头中径。

封头越深、毛坯直径越大，周向缩短量也越大。周向缩短产生两个结果，一个是工件周边区的厚度和径向长度均有所增加，另一个是过分的压应变使板料产生褶皱。板料加热不

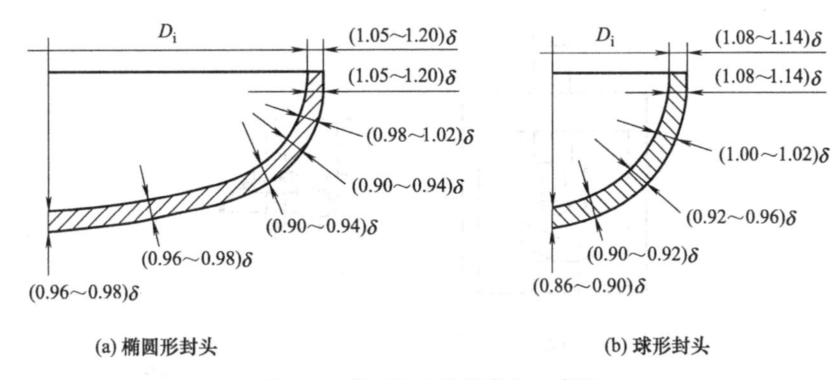

(a) 椭圆形封头　　(b) 球形封头

图 5-4　碳钢封头壁厚变化示意图

均，搬运和夹持不当造成坯料不平，也会造成褶皱。有的工厂根据实践总结出碳钢和低合金钢封头不产生褶皱的条件是：$D_p - D_m \leqslant 20\delta$ 肯定无皱褶，而 $D_p - D_m \geqslant 45\delta$ 必然有褶皱。

3. 鼓包

产生原因与褶皱类似，但主要影响因素是拼接焊缝余量的大小以及冲压工艺方面的原因，如加热不均匀，压边力太小或不均匀、冲头与下模间隙太大以及下模圆角太大等。

为了防止封头冲压时产生缺陷，必须采取下列措施：板坯加热均匀；保持适当而均匀的压边力；选定合适的下模圆角半径；降低模具（包括压边圈）表面的粗糙度；合理润滑以及在大批量冲压封头时应适当冷却模具。

二、旋压成形

（一）旋压成形的优点

整体冲压封头的优点是质量好，生产效率高，因此适于成批和大量生产。其缺点是需要吨位较大的水压机，模具较为复杂，每一种直径的封头，都要有一个冲头。而且同一直径的封头，由于壁厚不同需要配置一套下模，为了生产各种规格的封头，就需制备很多套模具。模具不但造价高，而且需要较大场地堆积和妥善管理。旋压成形与之相比则不存在以上不足。

旋压成形使毛坯旋转的同时，用简单的工具使毛坯逐渐变形，成为所需零件形状的一种方法。与零件尺寸相比，旋压时的变形区非常小，所以用很小的力就可加工出尺寸较大的零件。过去经常用这种方法制造旋转件和不能用拉伸法成形的零件，主要薄钢板和有色金属零件。

（二）旋压成形的方法

封头的旋压成形通常有联机法和单机法。联机法就是将封头成形分为压鼓与滚边两个独立步骤，如图 5-5 所示。

单机法则具有占地面积小、节省模具等优点。它对小批量生产尤为适用。下面就以单机法为例来讨论旋压成形封的生产过程。

图 5-6 所示为一台卧式无胎封头旋压机的示意图。它是由机头主轴 1，内外滚轮架 2、3，尾架（刀架）6 以及切削刀架 4 等部分所组成。而各部分又可根据需要进行个别调整。譬如，当封头规格不相同时，可调节其主轴与尾架间的距离，并使内、外滚轮的回转臂半径长度与之相适应。旋压机的主轴是由电动机通过无级变速的减速机构带动，而滚轮的进给运动和尾架的移动则是用液压传动来达到。

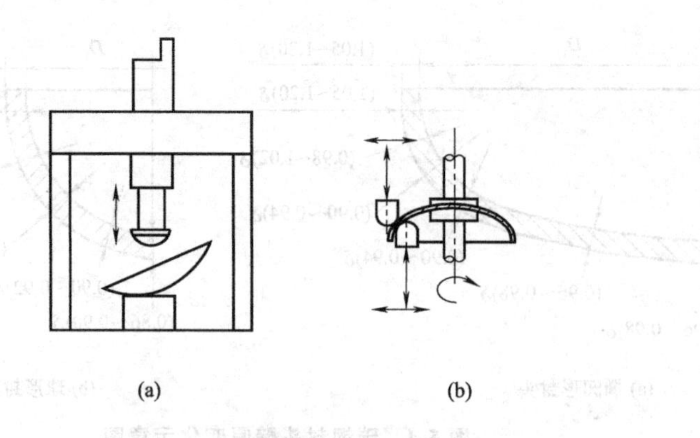

图 5-5 联机法旋压封头

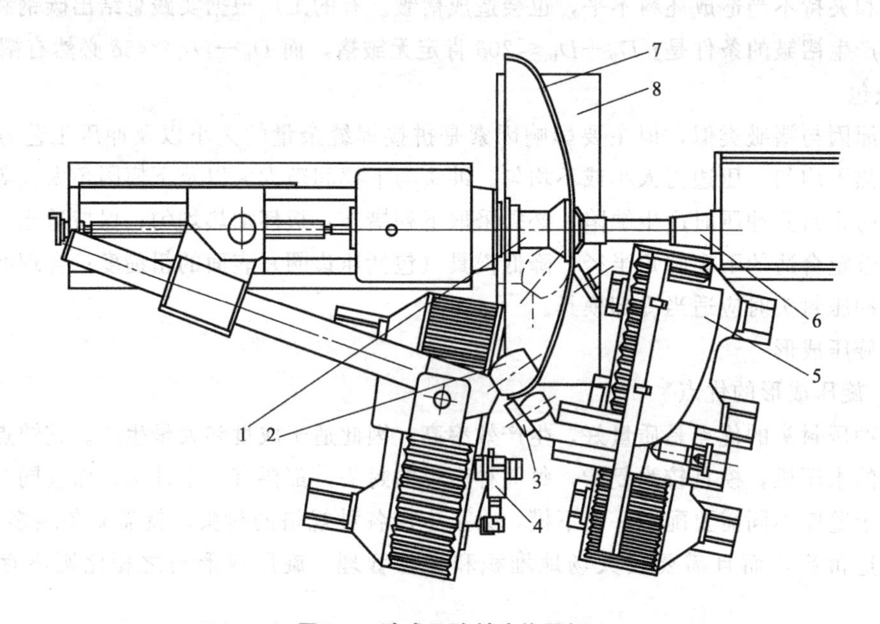

图 5-6 卧式无胎封头旋压机

1—主轴；2—内滚轮架；3—外滚轮架；4—切削刀架；5—仿形模板；6—尾架；7—封头；8—地坑

卧式旋压机的机体一般均埋入地下 1m 左右，而在机头主轴的伸出端下面还设有一地坑，以使大型封头的坯料能有足够的下伸深度，因而大大地减少了占地面积。

旋压加工前，应准备坯料对于大直径坯料一般都是用板材拼焊而成，但要求焊缝的凸出高度不应太高（见图 5-7），否则应磨平，以利于旋压过程的顺利进行。下一步便是对坯料进行中心定位。卧式旋压时的坯料常用下面两种方法确定中心：一种是在坯料的中心焊上一螺栓；另一种是在坯料的中心预开一小孔并将其穿入主轴而定位。随后通过尾架与主轴将坯料夹紧（由于有足够的接触面积来保证一定的摩擦力矩，因此坯料在夹紧时稍有压凸变形），这一来坯料就会因摩擦力矩的作用而随主轴旋转，并使外滚轮装置上的触头沿仿形模板运动，从而决定了内、外滚轮的运动（为同步运动）曲线。坯料在同步运动的内、外滚轮的旋压作用下，便逐步成为仿形模

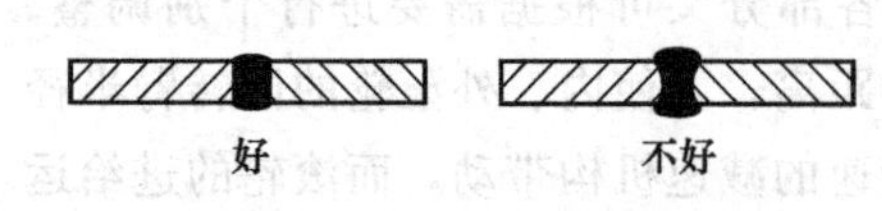

图 5-7 旋压封头的拼板焊缝

板的形状。

当滚轮到达封头口径附近（即大小圆弧过渡位置）时，操纵外滚轮的控制手轮，以不断改变外滚轮的接触部位，使封头最后抹边成形（见图 5-6）。在旋压机的机架上还装有一个刀架（尾架），当封头成形之后便立即进行边缘加工。

【相关技能】

封头的外协加工与质量检验

1. 封头制造的标准

封头的制造除应符合图样、技术条件外，还应符合有关标准的规定。如《压力容器安装技术监察规程》、GB 150—2011《钢制压力容器》、JB/T 4746—2002《钢制压力容器用封头》、JB/T 4745—2002《钛制焊接容器》、GB/T 1804—2000《一般公差未注公差的线性和角度尺寸的公差》、JB 4730—1994《压力容器无损检测》。

2. 原材料检验

加工封头的材料须是检验合格，符合该容器等级所要求的复验项目。坯料的指定位置上应有材质、验号及检验员认可的钢印代号等标记。

3. 拼板

封头板料宜采用整版，如需拼接时各板必须等厚。封头的坯料厚度应考虑工艺减薄量，以确保封头成形后的实测最小厚度符合图样和有关技术文件的要求。

4. 封头下料拼焊

封头板料切割后，应将周边修磨圆滑，端面不得有裂纹、熔渣、夹杂和分层等缺陷。

封头板料拼接接头的对口错边量不得大于板材厚度 δ_s10%，且不大于 1.5mm。复合钢板拼接接头的对口错边量不得大于钢板复层厚度 δ_s的 30%，且大于 1.0mm。焊接工艺及质量要求相应符合《焊条电弧焊工艺规程》、《埋弧焊工艺规程》和《气体保护焊工艺规定》的规定。封头板料拼接焊接接头表面不得有裂纹、气孔、咬边、夹杂弧坑和飞溅物等缺陷。拼接焊缝在成形前应将焊缝余高打磨至与母材表面齐平。

5. 成形

封头毛坯料外协冲压成形前，应根据图样和工艺文件的要求核对产品编号、件号、材料标记、形状、规格和尺寸等。封头成形工艺和方法由外协单位确定，成形过程中应避免板料表面的机械划伤，对严重的尖锐划痕应进行补焊或修磨处理。成形封头的端面切边，可采用机械气割或等离子切割方法进行齐边和切割坡口。坡口的形状、尺寸及加工工艺和方法由供需双方协商确定。

6. 封头质量检验

(1) 外圆周长

以外圆周长为对接基准的封头切边后，在直边部分端部用钢卷尺实测外圆周长，其公差应符合表 5-3 的要求。外圆周长的设计值为：πD_0或 $\pi(2\delta_s+D_i)$，D_i为封头内径；D_0为封头外径。

(2) 内直径公差

以内直径为对接基准的封头切边后，在直边部分实测等距离分布的四个内直径，取其均值。内直径公差应符合表 5-4 的要求。

表 5-3 外圆周长公差 单位：mm

公称直径 DN	板材厚度 δ_s	外圆周长公差
$300 \leqslant DN < 600$	$2 \leqslant \delta_s < 4$	$-4 \sim +4$
	$4 \leqslant \delta_s < 6$	$-6 \sim +6$
	$6 \leqslant \delta_s < 16$	$-9 \sim +9$
$600 \leqslant DN < 1000$	$4 \leqslant \delta_s < 6$	$-6 \sim +6$
	$6 \leqslant \delta_s < 10$	$-9 \sim +9$
	$10 \leqslant \delta_s < 22$	$-9 \sim +12$

表 5-4 内直径公差 单位：mm

公称直径 DN	板材厚度 δ_s	外圆周长公差
$300 \leqslant DN < 600$	$2 \leqslant \delta_s < 4$	$-1.5 \sim +1.5$
	$4 \leqslant \delta_s < 6$	$-2 \sim +2$
	$6 \leqslant \delta_s < 16$	$-3 \sim +3$
$600 \leqslant DN < 1000$	$4 \leqslant \delta_s < 6$	$-2 \sim +2$
	$6 \leqslant \delta_s < 10$	$-3 \sim +3$
	$10 \leqslant \delta_s < 22$	$-3 \sim +4$
$1000 \leqslant DN < 1600$	$6 \leqslant \delta_s < 10$	$-3 \sim +3$
	$10 \leqslant \delta_s < 22$	$-3 \sim +4$
	$22 \leqslant \delta_s < 40$	$-4 \sim +6$
$1600 \leqslant DN < 3000$	$6 \leqslant \delta_s < 10$	$-3 \sim +3$
	$10 \leqslant \delta_s < 22$	$-3 \sim +4$
	$22 \leqslant \delta_s < 60$	$-4 \sim +6$
$3000 \leqslant DN < 4000$	$10 \leqslant \delta_s < 22$	$-3 \sim +4$
	$22 \leqslant \delta_s < 60$	$-4 \sim +6$

(3) 圆度公差

封头切边后，在直边部分实测等距离分布的四个内直径，以实测最大值与最小值之差为圆度公差，其圆度不得大于 $0.5\% D_i$，且不大于 25mm，当 $\delta_s / D_i < 0.005$ 且 $\delta_s < 12$mm 时，圆度公差不得大于 $0.8\% D_i$，且不大于 25mm。

(4) 形状公差

封头形成后的形状公差，用弦长相当于 $3D_i/4$ 的样板检查封头的间隙。样板与封头内径表面的最大间隙，外凸不得大于 $1.25\% D_i$，内凸不得大于 $0.625\% D_i$，如图 5-8 所示。

(5) 封头总深度公差

封头切边后，在封头端面任意两直径位置上分别放置直尺或拉紧的钢丝，在两直尺交叉处或两根钢丝交叉处垂直测量封头总深度（封头总高度），其公差为 $(0.2 \sim 0.6)\% D_i$。

封头 样板 $\geqslant 3D_i/4$ D_i

图 5-8 封头形状偏差测量

(6) 直边高度

椭圆形、碟形和折边锥形的封头的直边部分都不得存在纵向皱褶，封头切边后，用直尺实测直边高度，当封头公称直径 $DN \leqslant 2000$mm 时，直边高度 h 宜为 25mm。当封头公称直径 $DN \geqslant 2000$mm 时，直径高度 h 宜为 40mm，直边高度 h 的公差为 $-5\% \sim 10\% h$。

(7) 热处理

焊后需热处理的封头，可根据供需双方约定，由封头压制单位或本厂负责热处理。热处理工艺应符合《压力容器热处理工艺规程》的规定。封头制造厂家应向被委托单位提供热处理方式。在验收时应要求供方交付有关热处理的工艺资料和记录；如封头带有试板，应同时向加工单位交付有识别标记的试板，同炉进行热处理。

奥氏体不锈钢封头热成形后应进行固溶处理，以提高耐晶间腐蚀性能。

(8) 无损检测

成形后的椭圆形、碟形、球冠形封头的全部拼接焊缝应根据图样或技术文件规定的方法，按 JB 4730 标准 100%射线或超声波检测，其合格级别应符合图样或技术文件的规定。

按规定设计的折边锥形封头的 A、B 类焊缝，应按 GB 150 标准的规定，采用图样或技术文件规定的方法，再按 JB 4730 标准 100%射线或超声波检测，其合格级别应符合图样和技能文件的规定。

对图样或技术文件有酸洗、钝化处理要求的不锈钢、钛复合钢板封头，应按“酸洗、钝化工艺规程”的规定进行表面酸洗和钝化处理。

【考核评价】

情境五　考核评价表

序号	考评项目	分值	考核办法	教师评价（60%）	组长评价（20%）	学生评价（20%）
1	学习态度	20	出勤率、听课态度、实训表现			
2	学习能力	10	回答问题、获取信息、制定及实施工作计划			
3	操作能力	50	外协工艺卡的编制			
4	团队协作精神	20	小组内部合作情况、完成任务质量、速度等			
合计		100				
综合得分						

【思考与练习】

1. 封头坯料在送封头制造厂之前，要做哪些检验项目？
2. 封头展开坯料拼接焊缝应考虑哪些因素？
3. 封头制造遵循的标准和技术要求有哪些？
4. 封头的冲压成形和旋压成形各有什么特点？
5. 封头冲压成形后有哪些检验项目？

情境六

压力容器的组装

学习领域	压力容器的制造安装检测	
学习情境六	压力容器的组装	课时：4学时
学习目标	1. 知识目标 (1)了解压力容器组装的技术要求。 (2)掌握纵缝、环缝、零部件的组装工艺。 (3)掌握典型设备的组装工艺。 2. 能力目标 能够初步编制储罐的组装工艺卡，并进行储罐的组装。 3. 素质目标 (1)培养学生语言表达能力。 (2)培养学生团队协作意识和严谨求实的精神。 (3)培养学生良好的心理素质和解决问题的能力	

一、任务描述

本任务是初步编写组装工艺并对储罐进行组装，通过实际参与储罐的组装了解组装设备的结构原理及操作方法，熟悉环缝、纵缝及零部件的组装工艺。

二、相关材料及资源

1. 教材。
2. 组装设备及工具。
3. 容器组装现场。
4. 相关视频材料。
5. 教学课件。
6. 仿真实训室。

三、任务实施说明

1. 学生分组，每小组5～6人。
2. 小组进行任务分析和资料学习。
3. 现场教学。
4. 小组讨论，认真阅读容器组装相关资料。
5. 小组合作，初步编写组装工艺，并对储罐进行现场组装。
6. 检查、评价。

四、任务实施要点

1. 首先确定组装方法，立式组装、卧式组装。
2. 用U形水平器调整筒节端面的水平。
3. 用吊车和滚轮架进行筒节的组装。
4. 法兰、管件及支座是在筒体组装焊接后装配

【相关知识】

压力容器的组装指的是用焊接等不可拆连接进行设备拼装的工序，其中包括组对和焊接。组对的任务是将零件或坯料按图纸和工艺的要求确定其相互的位置，为其后的焊接作准备。组对完成后进行焊接以达到密封和强度方面的要求。而用螺栓等可拆连接进行拼装的工序称为装配。对设备制造有重要意义的是组对工艺。

一、压力容器组装的技术要求

组装技术要求的依据是《压力容器安全技术监察规程》等法规文件和设备的施工图纸。组装后的设备必须符合施工图纸的要求和标准的组装技术规定。组装过程中主要控制以下各项指标。

（一）焊接接头的对口错边量

焊接接头的对口错边对化工容器有严重的危害，其主要表现如下。

1. 降低接头强度

焊缝错边会使焊缝区的有效厚度减少，同时因为对接不平而造成附加应力，使焊缝成为明显的薄弱环节。当材料的焊接性较差，设备承受动载荷时，错边的危害性更大。

2. 影响外观、装配和流体阻力

有的设备如列管式换热器、合成塔的筒体对焊口错边量限制更严，否则内件安装困难；错边的存在使筒体与内件之间增加间隙导致设备的使用性能受到损害。

A、B 类焊接接头对口错边量 b（见图 6-1），应符合表 6-1 的规定。锻焊容器 B 类焊接接头对口错边量 b 应不大于对口处钢材厚度 δ_s 的 1/8，且不大于 5mm。

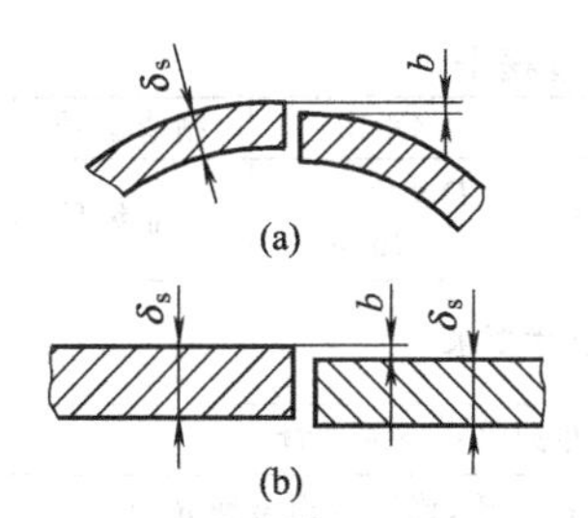

图 6-1　单层钢板对口错边量

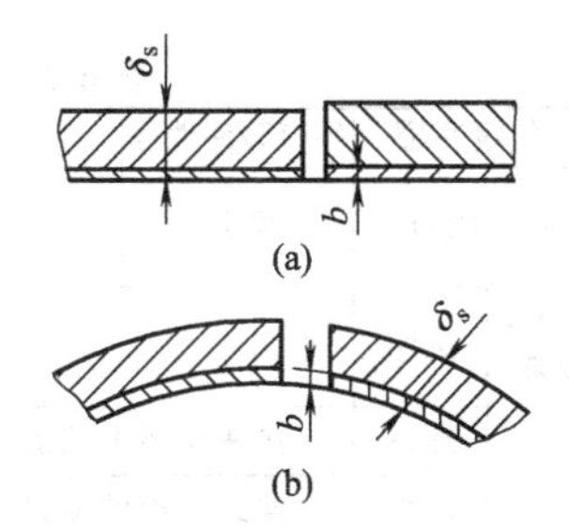

图 6-2　复合钢板对口错边量

复合钢板的对口错边量 b（见图 6-2）不大于钢板复层厚度的 5%，且不大于 2mm。

表 6-1　焊缝组装的对口错边量 b

对口处的名义厚度 δ_s /mm	按焊缝类别划分的对口错边量 b/mm	
	A 类	B 类
$\leqslant 10$	$\leqslant 1/4\delta_s$	$\leqslant 1/4\delta_s$
$10<\delta_s\leqslant 20$	$\leqslant 3$	$\leqslant 1/4\delta_s$
$20<\delta_s\leqslant 40$	$\leqslant 3$	$\leqslant 5$
$40<\delta_s\leqslant 50$	$\leqslant 3$	$\leqslant 1/8\delta_s$
>50	$\leqslant 1/16\delta_s$，且不大于 10	$\leqslant 1/16\delta_s$，且不大于 20

（二）棱角度

棱角的不良作用与错边类似，它对设备的整体精度损害更大，并往往具有更大的应力集中。

在焊接接头环向形成的棱角 E，用弦长等于 1/6 内径 D_i、且不小于 300mm 的内样板或外样板检查（见图 6-3），其 E 值不得大于（$\delta_s/10+2$)mm，且不大于 5mm。

在焊接接头轴向形成的棱角 E（见图 6-4），用长度不小于 300mm 的直尺检查，其 E 值不得大于（$\delta_s/10+2$)mm，且不大于 5mm。

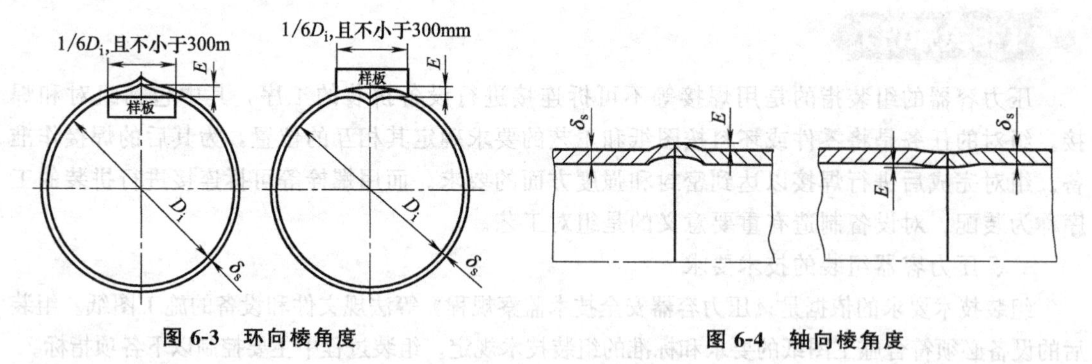

图 6-3 环向棱角度　　图 6-4 轴向棱角度

（三）筒体直线度

筒体直线度检查是通过中心线的水平和垂直面，即沿圆 0°、90°、180°、270°四个部位拉 ϕ0.5mm 的钢丝测量，测量部位离 A 类接头焊缝中心线（不含球形封头与圆筒连接以及嵌入式接管与壳体对接连接的接头）的距离不小于 100mm。当壳体厚度不同时，计算直线时应减去厚度差。

除图样另有规定外，壳体直线度允差应不大于壳体长度的 1‰，当直立容器的壳体长度超过 30m 时，其壳体直线度允差应符合 JB 4710 的规定。

二、常用组装机械及其使用方法

筒体的组装先进行纵缝的组对与焊接，然后再进行环缝的组对与焊接，组装工艺见表 6-2。相应的就有螺旋拉（压）紧器、楔形压夹器和多用螺旋夹钳等组对与焊接工具。

表 6-2 筒体组装工艺过程卡

产品名称	氧气缓冲罐	零(部)件件号	1～19	材料牌号	Q345	制造编号	R0642Z
图号	0615-R2-1	数量	1 件	材料规格	DN2000×12mm	产品编号	R0642
序号	车间	工种或设备	工序	工艺内容及技术要求		单件工时	
1	铆焊车间	铆工	准备	按图样要求准备件 1～19,检查部件标记及外观质量			
2			清理	清理零部件施焊部位对接处的油污、杂质,修磨露出金属光泽。			
3			组对	封头与筒体组对定位焊。对接间隙 $C=2^{+1}$mm,错边量 $b\leqslant3$mm 清理坡口两侧 20mm 范围内的油污杂质			
4		焊工	焊接	按《通用焊接工艺守则》、《埋弧自动焊工艺守则》及《焊接工艺规程》要求焊接焊缝 B1～B4。距焊缝 50mm 处,字头朝向焊缝,打焊工钢印			
5	探伤室	无损检测	射线检测	对焊缝 B1～B4 进行 20%RT 检测,按 JB/T 4730—2005 标准执行,照相质量等级不低于 AB 级,焊缝质量不低于Ⅲ级合格			
6	铆焊车间	铆工	划线	按设计图样管口方位画出开口位置线			
7		气焊	切割	气割开孔,并切出坡口,同时清除氧化物及渣瘤 坡口角度(内侧)45°,钝边 2mm			
8		铆工	组装	将法兰与接管、补强圈组合件、支座、标牌分别组装在相应位置上,各接管法兰平面分别平行壳体主轴线,其偏差不大于法兰外径 1%且不大于 3mm,法兰螺栓孔跨中布置,补强圈与壳体紧密贴合,间隙不得大于 2mm			
9		焊工	焊接	按《通用焊接工艺守则》、《焊接工艺规程》要求焊接施焊 D1～D11 距焊缝 50mm 处,字头朝向焊缝,打焊工钢印			
10		铆工	致密性试验	往补强圈中通入 0.4～0.5MPa 压缩空气,检查焊接接头质量			

1. 纵缝组对

当筒体直径不大，壁厚较薄时，纵缝的组对可以在筒节从卷板机上取下来之前，直接在卷板机上焊接，如两边对不齐，可用 F 形撬棍调整。如图 6-5 所示。

图 6-6 所示为杠杆螺栓拉紧器最适合于圆筒节装配时的边缘对齐。这种拉紧器是以两块固定在肘形杠杆 1 和连接杆 5 的 U 形铁 2，分别卡在被拉紧的工件上。转动带有左右螺旋的螺钉 7，便可调节圆周方向的接头间隙，而转动带有左右旋向螺纹的螺钉 4，又可使接头径向对齐。因其是利用螺柱夹持在接头上，所以不仅没有拆除后的拉肉现象，而且还可以调节筒节的纵缝接头，使其有足够的精度来满足自动焊的要求。图 6-7 所示为一对杠杆螺栓拉紧器用于圆筒形筒体的接头对齐。

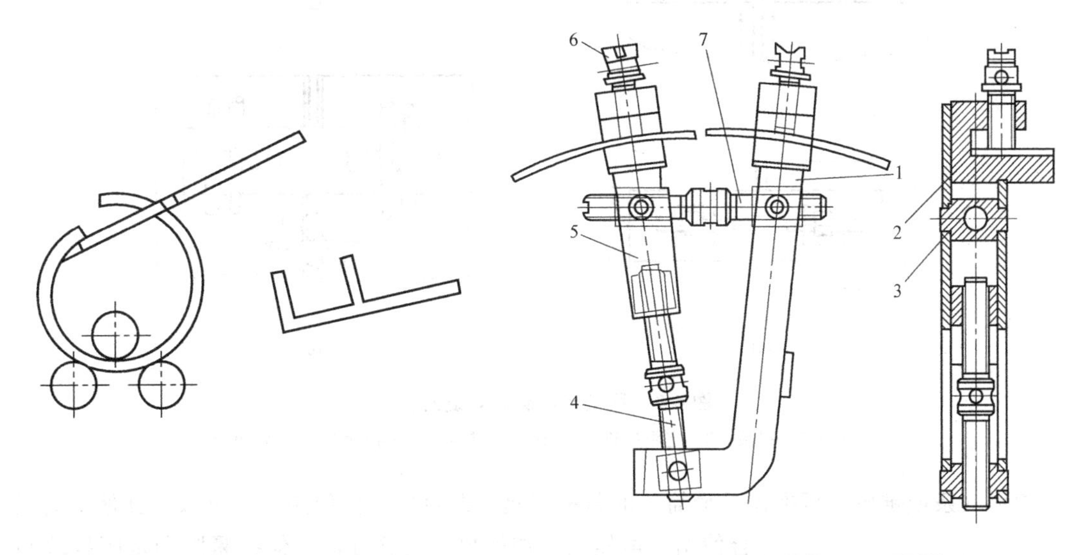

图 6-5　用 F 形撬棍调整纵缝

图 6-6　杠杆螺栓拉（压）紧器

1—肘形杠杆；2—U 形铁；3—活动轴套；
4—径向调整螺钉；5—连接杆；6—紧固螺钉；
7—间隙调节螺杆

如果筒节较长，两端用杠杆螺栓拉紧器不能准确地对正边缘时，可在筒节每隔一定距离点焊上角钢（或螺母），用螺栓拉紧来调整组对边缘，如图 6-8 所示，这种拉紧器称为普通螺栓拉紧器。

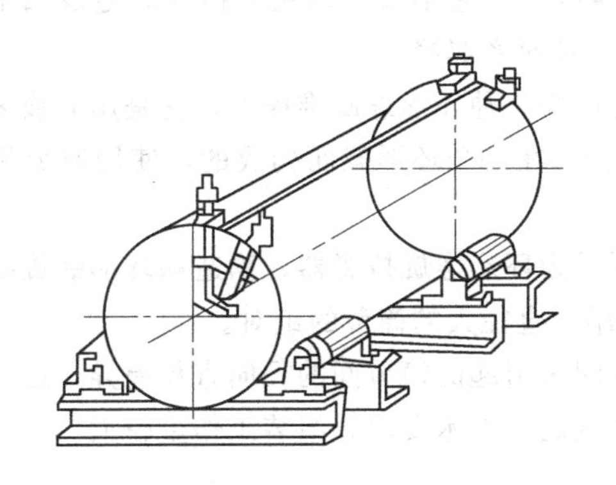

图 6-7　筒节纵缝的组对

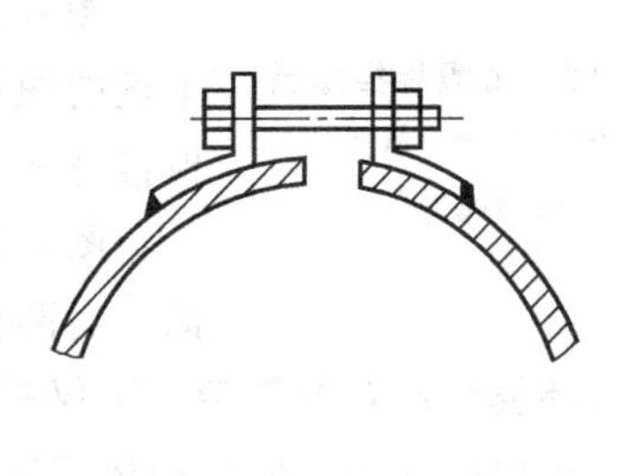

图 6-8　普通螺栓拉紧器

2. 环缝组对

环缝的组对要比纵缝组对困难得多，因为筒节和封头的端面在加工后可能存在椭圆度或各处曲率不同等缺陷。这些缺陷对环缝组对会造成对不齐、不同轴等缺陷。因此在组对过程中必须严格地按技术要求进行，以免影响质量。

环缝组对时，边缘偏移量可用压夹器进行调整对齐。图 6-9 所示为两种压夹器调整环缝大小及对齐情况。

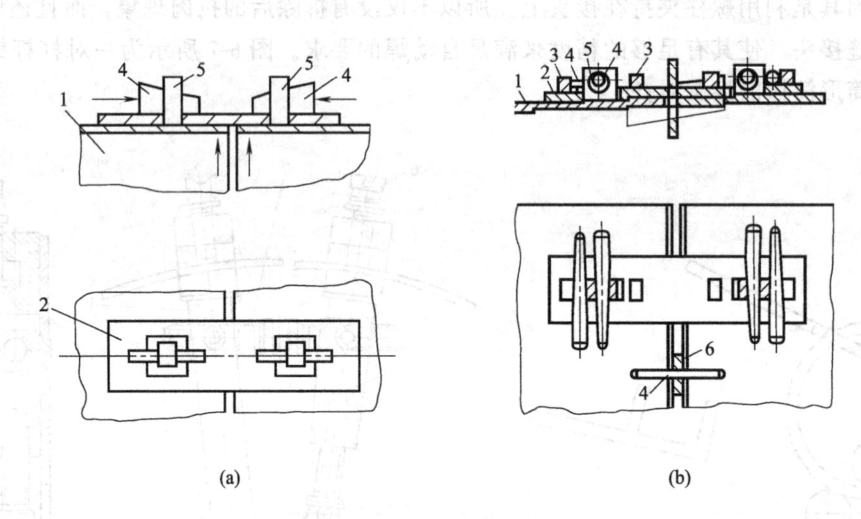

图 6-9 用楔形压夹器环缝对齐

1—筒体；2—拉板；3—定距挡块；4—楔条（锥棒）；5—扣紧圈；6—定距板

楔形（条或锥棒）压夹器是最简单的装配工具，既可以单独使用，又可以与其他工具联合使用。虽然它操作简单，调整方便，但扣紧圈和定距挡块必须焊接在工件上，拆除时就有可能出现损坏工件表面的现象，因此对于有较高表面要求的材料不允许使用。

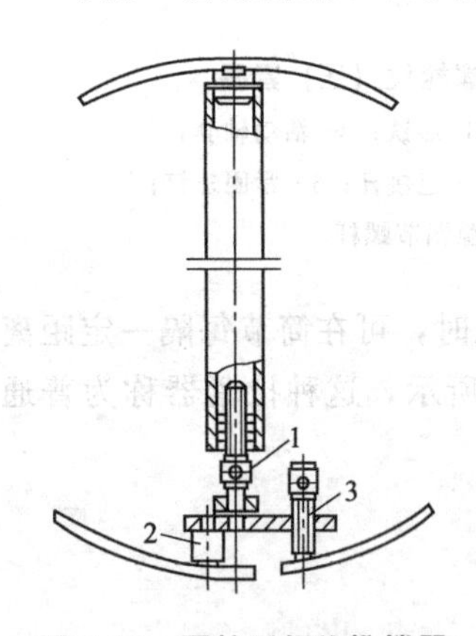

图 6-10 圆柱形螺旋推撑器

1—螺旋推杆；2—顶铁；3—调节螺钉

压夹器的数目根据筒节直径的大小可安装 4、6、8 …个，均布在圆周上，以便找正对中。

筒节刚度较差时，可用推撑器调整筒节端面。推撑器是在组对筒节时对齐边缘、矫正凹陷等缺陷用的。图 6-10 所示为一种圆柱形螺旋推撑器，它不仅可以用来撑开焊缝及凹陷，而且可用调整螺钉 3 来对齐焊缝。

图 6-11 所示为一种环形螺旋推撑器，它是用 6 或 8 根带有顶丝的螺旋推杆拧在一个环形架而构成的，使用时分别调整各根推杆便可对齐。

图 6-12 所示为环形螺旋拉紧器，构造和环形螺旋推撑器相似，后两种适用于直径大的筒节的组对。

筒体的环缝组装较为复杂，不仅有各种因素引起的筒节间的径向直径差异，还存在有筒节纵缝处直边段的影响，要使筒体组装符合规定的技术要求，组装工作量较大。

3. 液压组装机

液压组装机多用于固定装配焊接作业线上，而且在中厚板的中等长度的定型设备上（如

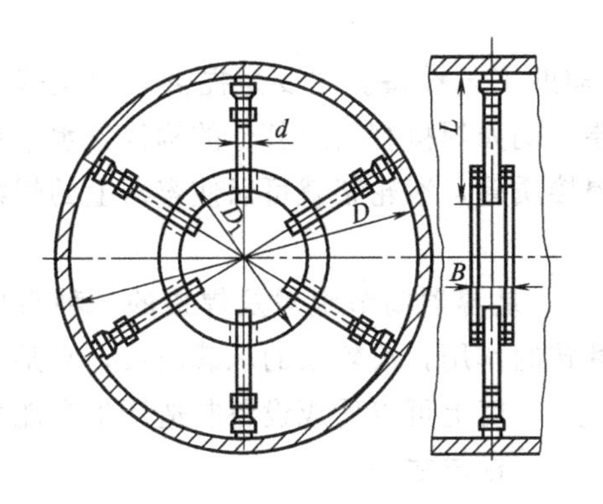

图 6-11　环形螺旋推撑器

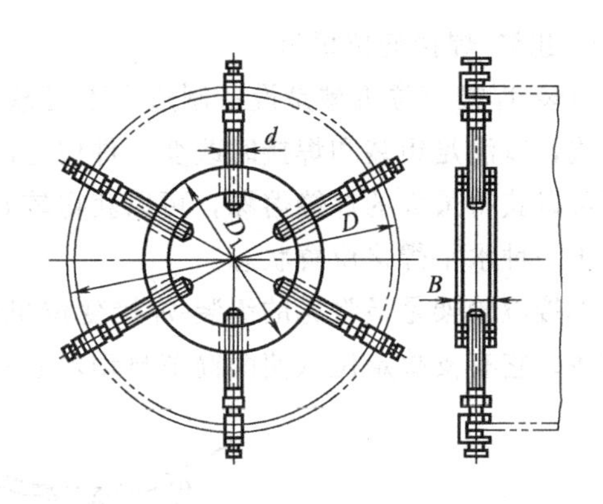

图 6-12　环形螺旋拉紧器

锅炉和换热器）用得较多。如图 6-13（a）所示为一筒节纵缝液压组装机。这个装置利用液压进行筒节纵缝组装。筒节的纵缝朝下放置，利用液压驱动，可在三个方向进行调节，以纠正卷板产生的偏差。筒节纵缝组对后，可以直接在此装置上进行焊接，也可以在装置上进行点焊固定后取下工件另行焊接。由于需要有三个方向上的相对运动，所以该机构有些庞大。但是，用它可以大大减少组装纵缝的时间，减轻劳动强度，节约劳动力，也可以取消拉紧板，因而可以提高筒节的表面质量。

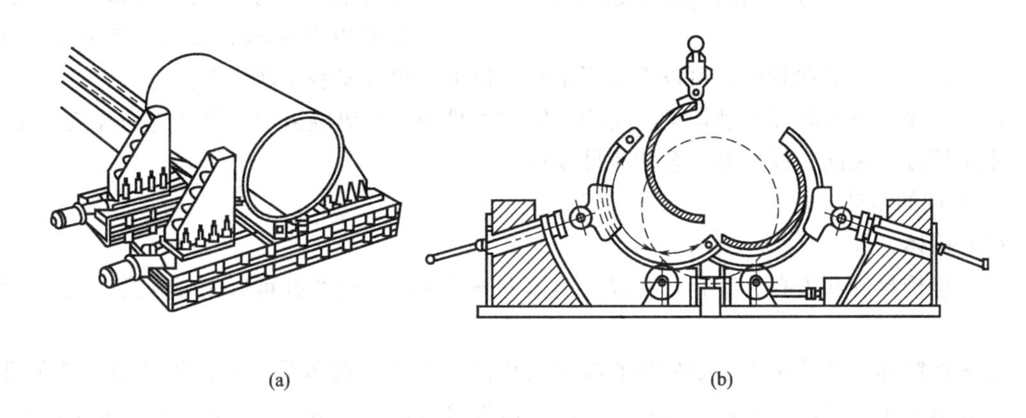

(a)　　(b)

图 6-13　筒节液压组装机

图 6-13（b）所示为筒节液压组焊接，该机有三对或更多对夹紧对开环，每一个半环上装有压紧滑块，它直接与液压工作活塞杆相连接。工作活塞是通过回程液压活塞来实现回程的，而回程液压活塞则是通过连杆连接到工作活塞上。当筒节液压机有三对压紧对开环时就需要六个工作活塞的液压缸和六个回程液压缸；若有五对夹紧对开环，则需相应配置十个工作缸和十个回程缸。工作液压缸与回程液压缸均安装在同一底板的机架上。

组装时，先将瓣片或筒节吊入夹紧对开环中，随着油缸柱塞的推进，夹紧环夹紧筒节而使筒节纵缝合拢。当须满足焊接坡口的间隙时，只要在纵缝合拢处插入相应的间隙楔条，焊接时当焊嘴接近楔条时，再用手锤将楔条敲出。经点焊固定，焊接后即完成了筒节的组装。对于不同直径的筒节的组装，只要更换曲率相近的对开环即可。

由于该装置依靠柱塞前端的柱形铰链与对开环连接，可以有较大的向心压紧力，合适于壁厚较大的中小直径的容器组装，如锅炉和换热器等。为校正端口错位的筒节，在筒节的轴线位置处，还可配置端面压紧机构，生产效率较高。

4. 组装-焊接变位机械

组装-焊接变位机械是设备制造中不可缺少的辅助工艺设备。主要是提供一种连续的运动方式，以满足组装和焊接时改变工件位置的需要，例如焊接容器或其他的构件，水平焊接位置可以获得最大的焊缝熔深，可以获得较好的焊接质量，滚轮架就可以使容器上的焊缝始终处于一种水平焊接位置状态。

焊接滚轮架是最常见的组装-焊接变位机械之一，是容器筒节组对及焊接的一种重要辅助装备。它有支撑定位（使两筒节自动对心）和翻转的作用，滚轮架的承载质量，在某种程度上可以看成设备制造厂生产能力的标志之一。

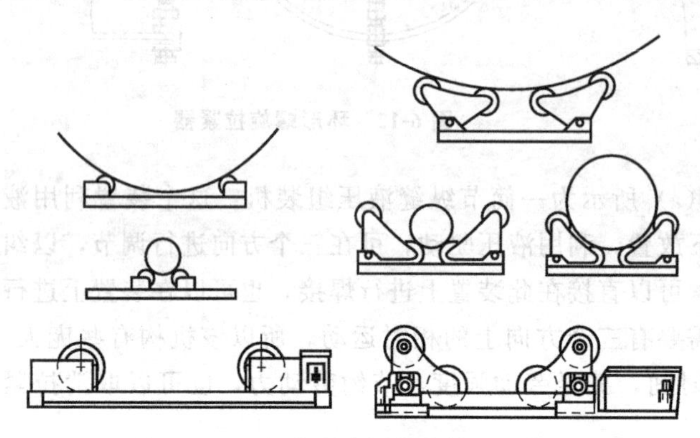

图 6-14　可调节和自调节滚轮架示意图

焊接滚轮架分为可调式和自调式两种。可调式滚轮架工作时可通过调整滚轮间中心距适应不同直径的回转。自调式则根据工件直径大小自动调整滚轮组的摆角，无需人工调校，如图 6-14 所示。

焊接滚轮架一般成组使用，一部分为主动滚轮架，主动滚轮架四只滚轮采用齿轮啮合传动，实现四轮驱动。另一部分为从滚动轮架，可以直接固定在工位上，也可安装于轨道上。

焊接滚轮架可与埋弧自动焊配套使用，完成工件内、外纵缝或内、外环缝的焊接，也可用于手工焊接、装配、探伤等场合的工件变位。

5. 附件的组装

(1) 筒体开孔

为了连接接管和人孔、手孔，在设备筒体上开许多孔，这些孔可以先画好线，然后用气割切出。

首先在筒体上找孔中心，划好中心线再用色漆写上中心线编号，按图纸划出接管的孔，在中心和圆周上打冲印，然后切出孔，同时切出焊接坡口。装接管或人孔、手孔的中心位置的允许偏差为±10mm，对直径在 150mm 以下的孔，其偏差为－0.5～3.0mm；直径在 150～300mm 之间，偏差为－0.5～2.0mm；直径在 300mm 以上，偏差为－0.5～3mm 之间，开孔可用手工气割或机械化气割。

大型制造厂已采用机械化自动气割开孔机，其种类很多，有靠模和无靠模的，可在筒体上自动切出马鞍形轨迹的圆孔。

(2) 接管组焊

接管指焊有平焊法兰或对焊法兰的短管节等。

把平焊法兰焊到短管上，必须保证短管与法兰间环向间隙的均匀性，短管外表面与平焊法兰孔壁间的间隙不得超过 2.5mm。组对平法兰接管时，应把平法兰的密封面安放在组装平台上 [见图 6-15 (a)]，孔内放一垫板，板厚度等于短管端部到法兰密封面距离 k。短管插入法兰，端部顶在垫板上。保持管中心线对法兰密封面的垂直度及短管与法兰的间隙，定位焊后再把短管焊在法兰上。

组对堆焊法兰接管时，先将法兰密封面向下，放在组装平台上。在法兰上放置短管，用垫板保持1～2mm间隙［见图6-15（b）］。注意保持管中心线对法兰密封面的垂直度并防止短管与法兰焊接坡口相错的现象。短管定位点焊后再将短管与法兰焊牢。

接管在设备筒体上的安装和对焊，可采用下述办法（如图6-16所示）。先确定两块支板的位置（沿中心线），将支板点焊在短管上，以确保接管伸出长度与图纸尺寸符合，如果不用支板而用磁性装配手（一种L形磁铁，两边互相垂直），就不需要点焊；有时为了可靠，也进行点焊，此时要防止磁性装配手退磁，当接管插在筒体上时，接管应垂直，各有关尺寸应与图纸符合。按照筒体表面形状在接管上划相贯线作为切断线。把接管从筒体上取下按画的线切去多余的部分，然后重新把接管插在筒体上，用电焊定位。去掉支板，把短管插入端修整得与筒体内表面齐平。接管与筒体的焊接顺序是先从内部焊满，从外面挑焊根后用金属刷子清理再从外面焊满。为了防止筒体变形，焊接管之前，先在筒体内装入一个支撑环。有些制造厂采用专用夹具可以将接管迅速而正确地装在筒体上。

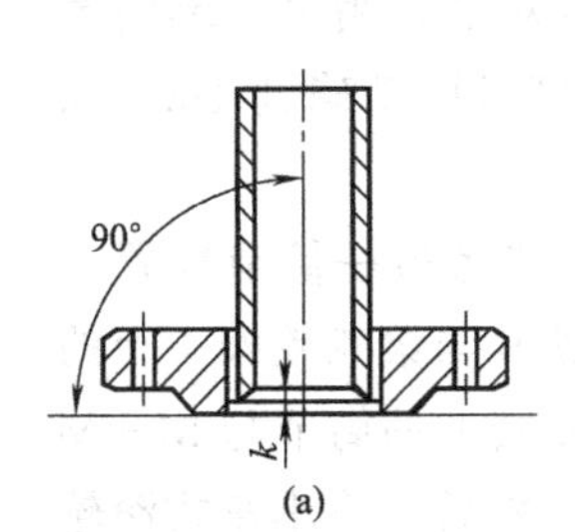

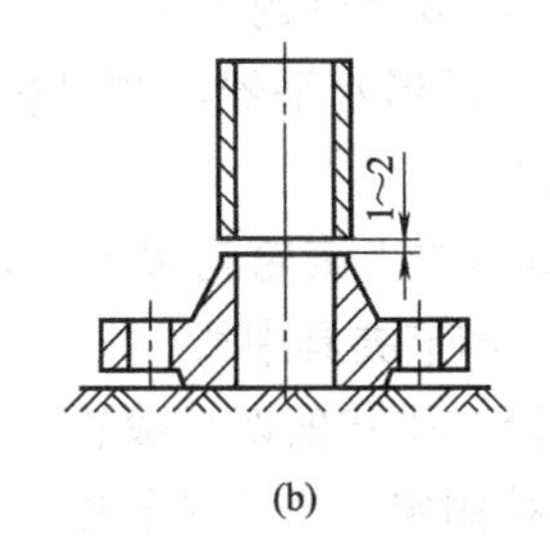

图6-15　法兰接管

1
3
(a) 磁性装配手定位

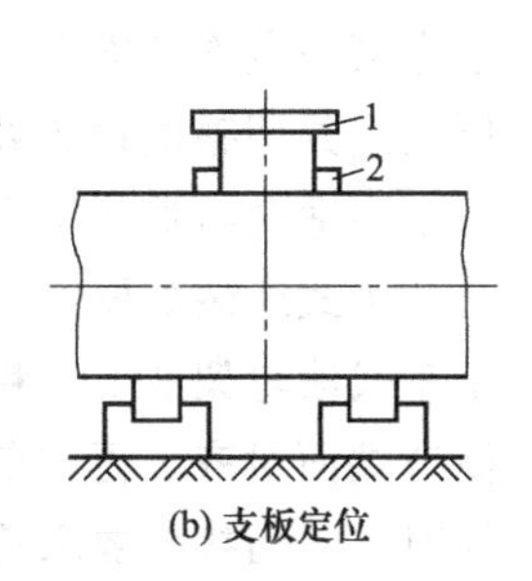

图6-16　接管在筒体上的安装方法

1—接管；2—支板；3—磁性装配手

（3）支座组焊

卧式设备的支座类型如图6-17所示。组焊顺序为：在底板上画好线后，焊上腹板和立筋，要保证其与底板垂直。组焊鞍式支座时，将弯好的托板焊在腹板和立筋上。各底板应在同一平面内。翼板弯成筒体的形状，装在立筋上，然后焊在筒体预先划好支座的位置线上。

储罐筒体的组装

组装是设备制造中的重要环节之一。它不仅与焊接及金属切削加工相互交叉，而且每道工序后均须进行质量检验。

储罐的本体部分的组装可以有两种方法。一种是先装筒体再组装两个封头；另一种是两封头分别与一组筒节（两节或两节以上的筒节）组合后再总装配。究竟选用何种方法可根据工装情况而定。

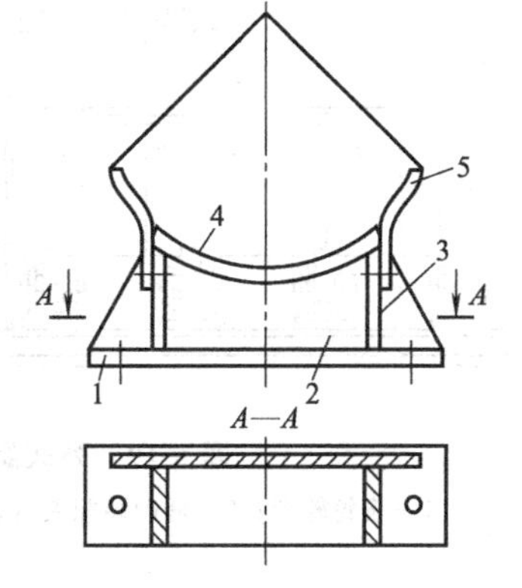

图6-17　卧式设备支座

1—底板；2—腹板；3—立筋；4—托板；5—翼板

筒节的组装（包括筒节与封头的组装），通常有立式吊装和卧式组装两种形式。

立式吊装就是借助吊车（或行车），先将一筒节（或封头）吊装在平台上，然后再将另一筒节吊在其上［见图6-18（a）］。当接头间隙调妥后，即可沿四周点固焊接（亦可用焊接

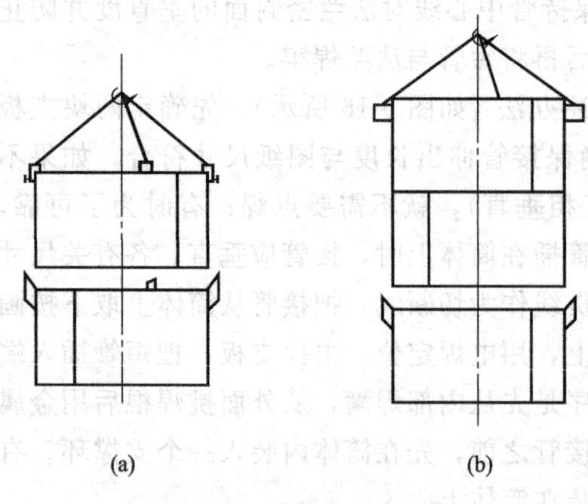

图 6-18 筒节的立式吊装

搭板固定连接)。其余各筒节组装完全相同，见图 6-18 (b)。

对于直径很大，无法在平台上组装时，也可在地面上进行。不过这时因筒节直径大，地面又不平，常常引起筒节端面的变形而有较大的不平度。因此组装前应先将该筒节的端面通过下端的垫铁调整到水平，而要达到这一点，可以借助 U 形水平器进行测定。

U 形水平器是造船业的常用装配测定工具，它实际是在一根较长的橡皮管上两端各连接一段带有刻度（亦可无刻度）的玻璃管，充水后组成一个 U 形管。测定筒体端口时，先选定某一点作基准点，并将 U 形水平器中的一端玻璃管内的液面与其对准，用另一端沿圆周测定并调整端口各处也达到液面标注的高度。U 形水平器的测量精度可以精确到 1mm 以下，很适合石油化工大直径设备装配和检验水平。

卧式组装如图 6-19 所示。即将要组装的筒节放于滚轮轮架 1 上，并将另一筒节放置在小车式滚轮架 3 上。移近辅助装配夹具 2，同时调节夹具中线 M—M 使其与滚轮轮架 1 上的筒节端面对齐。再调节小车式滚轮架 3 的可升降和平移的四个滚轮，使其上的筒节与 M—M 线对齐。当接头要求符合规定后，即可加以连接固定。当两筒节连接可靠后，将小车式滚轮架 3 上的筒节推向滚轮轮架 1 上，此后如上法便可依次完成各筒节的组装。

单件小批生产中，更多的是采用吊车和滚轮架进行筒节的组装。图 6-20 所示为封头与筒节的组装。

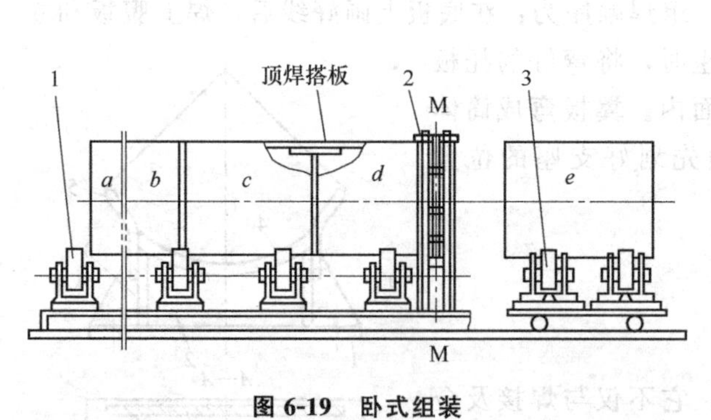

图 6-19 卧式组装

1—滚轮轮架；2—辅助装配夹具；3—小车式滚轮架

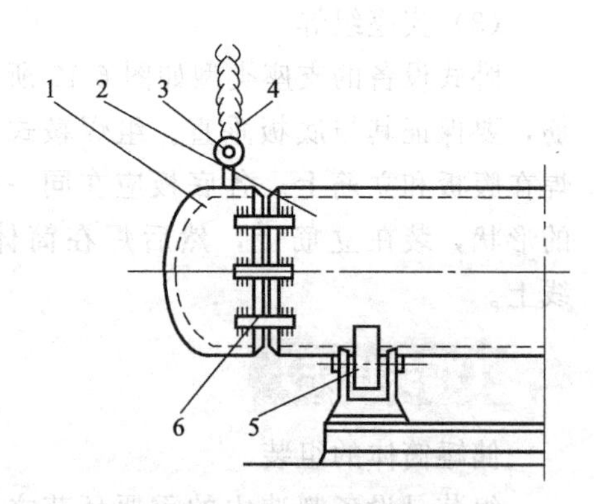

图 6-20 封头与筒节的组装

1—封头；2—筒节；3—吊耳；4—吊钩；5—搭板；6—滚轮架

立式吊装和卧式组装各有所长。立式吊装一般适宜于大直径薄壁筒节的组装，但需利用吊车和场地，因而影响其使用。卧式组装适宜于中小直径筒体的组装，多用于批量较大的设备生产线上。

石油化工设备因品种繁多，目前使用专用机械还不多。一般多采用立式吊装与卧式合拢相结合的装配方法，即先用吊装法分别组装成两段，再借助吊车和滚轮进行合拢装配。也有的为了充分发挥立式吊装的无自重引起的筒节径向变形的优点，设置专门的地下坑道来进行组装作业，在一定程度上避免了吊车高度的不足。

筒节环缝组装比纵缝组装困难些。这一方面是由于各筒节下料精度不一致，另一方面是受弯卷延伸的影响，带来了各筒节间直径和圆度上的偏差。因此，在可能条件下可按偏差相近的筒节进行装配，并均匀地分布错边量。

法兰、管件及支座是在筒体组装焊接后装配的。

法兰、管件及支座应根据有关设计规范选用，关于法兰的使用范围，标准中有明确规定。这里所要指出的是，安装储罐与其他压力容器一样，要求法兰螺孔不得超过规定的偏斜；法兰平面必须与接管垂直；法兰及支座标高应符合相应标准要求等。为此，工厂中常常采用一些简易夹具来予以保证。

对于大直径管件的开孔，因筒壁开孔处的应力集中而需补强圈时，则应先焊好接管与筒壁的连接焊缝，再焊装补强圈（补强圈须先攻钻 M10 的信号孔）。有时为了焊装的方便或板幅有限，亦可采用拼片形补强圈，不过此时每一片上均应开设信号孔。信号孔的开设一方面是为了检验接管及补强圈焊缝的密封可靠性；另一方面亦可以消除补强圈与壳体间气体的高温膨胀力，设备投入使用后还可以起到安全警报作用。

另外，对于大直径薄壁容器，如直径大于 6m，而壁厚仅为 8～12mm 的储罐，是无法采用上述组装工艺的。此时筒节的组装可以在现场按两段分别进行。即先做好顶盖段（即内筒），内充装 0.05MPa 的压缩空气，将顶盖段升起进行组装。当筒内需要进入组装时，在面积足够的情况下甚至仅在筒底安装 1～2 个鼓风机即可。

【考核评价】

情景六　考核评价表

序号	考评项目	分值	考核办法	教师评价（60%）	组长评价（20%）	学生评价（20%）
1	学习态度	20	出勤率、听课态度、实训表现			
2	学习能力	10	回答问题、获取信息、制定及实施工作计划			
3	操作能力	50	1. 环缝组装(15 分) 2. 纵缝组装(15 分) 3. 附件组装(10 分) 4. 安全文明生产(10 分)			
4	团队协作精神	20	小组内部合作情况、完成任务质量、速度等			
合计		100				
综合得分						

【思考与练习】

1. 化工设备有哪些组装方法？
2. 化工设备组装有哪些技术要求？
3. 如何进行环缝的组装？
4. 简述储罐的组装过程？

情境七

压力容器的焊接

任务一 埋 弧 焊

【学习任务单】

<table>
<tr><td>学习领域</td><td colspan="2">压力容器常用焊接方法</td></tr>
<tr><td>学习情境七</td><td colspan="2">压力容器的焊接</td></tr>
<tr><td>学习任务一</td><td>埋弧焊</td><td>课时:4 学时</td></tr>
<tr><td>学习目标</td><td colspan="2">1. 知识目标
(1)了解埋弧焊工作原理。
(2)了解埋弧焊相关设备。
(3)熟悉埋弧焊常用焊接材料并能正确选用。
(4)熟悉埋弧焊主要工艺参数并能正确选用。
2. 能力目标
能够正确使用埋弧焊设备按照操作规程对试板进行焊接。
3. 素质目标
(1)培养学生团队协作意识和严谨求实的精神。
(2)培养学生良好的心理素质和解决实际问题的能力</td></tr>
<tr><td colspan="3">一、任务描述
本项目的主要任务是使用埋弧焊设备对氧气缓冲罐的主体焊缝进行焊接，包括封头的拼接焊缝、筒节与筒节之间以及筒节与封头之间的焊缝。筒节和封头材料材质 Q345R，厚度 12mm，在任务完成过程中，要了解埋弧焊的工作原理、埋弧焊设备、焊接材料以及焊接规范对焊缝成形质量的影响，掌握使用埋弧焊设备进行焊接的基本技能。
二、相关材料及资源
1. 教材。
2. 教学课件。
3. 埋弧焊设备。
4. 试件。
5. 相关视频材料。
三、任务实施说明
1. 学生分组，每小组 5～6 人。
2. 小组进行任务分析和资料学习。
3. 现场教学。
4. 小组讨论，认真阅读埋弧焊的操作规程，制定埋弧焊的步骤并确定技术参数。
5. 小组合作，使用埋弧焊设备对试板进行焊接。
6. 检查、评价。
四、任务实施要点
1. 按电气原理图将各部分连接起来并将各部分可靠地接地，然后接通电源，进行试运转。
2. 在电控箱面板上启动电源，电源指示灯亮，表示控制部分通电，然后对各按钮进行试运转，再检查遥控盒上对应操作部分确定无误后进行下一步。
3. 将各焊接工艺参数按操作工艺设定。
4. 接通焊接电源，做送丝试运行，送丝正常，即可准备试焊。
5. 焊接完毕，切断一切电源，并清理焊接现场</td></tr>
</table>

焊接是压力容器制造的主要工序，构成压力容器主体部分的筒节、封头、接管、补强板等受压元件都是通过焊接而成为压力容器这一整体的。焊接接头是决定压力容器承载能力的关键部位，常常是焊接接头的性能就决定了压力容器的承载能力与使用寿命。同时，承压设备的焊接必须由取得相应等级的特种设备焊接操作人员施焊，因此，熟练掌握焊条电弧焊、埋弧焊、手工钨极氩弧焊的焊接方法是压力容器焊接人员必须具备的基本条件之一。

氧气缓冲罐的主要焊缝布置如图 7-1 所示。

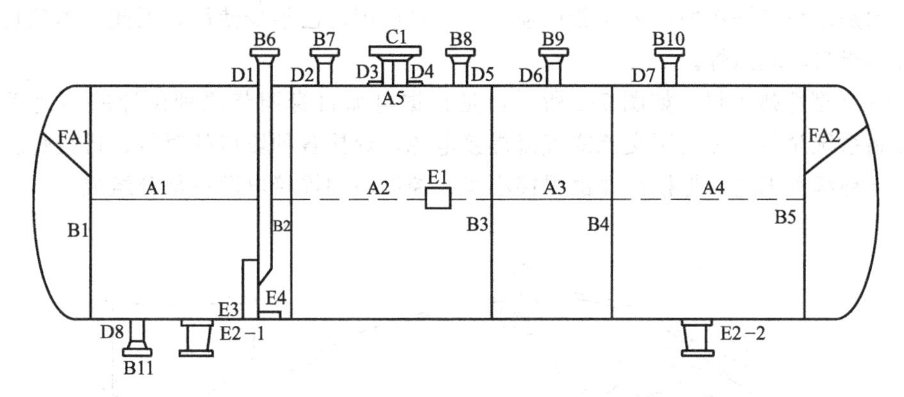

图 7-1　氧气缓冲罐的主要焊缝布置

【相关知识】

电弧在焊剂层下燃烧进行焊接的方法称为埋弧焊。埋弧焊是焊接生产中应用最广泛的工艺方法之一，常用来焊接厚度为 6～60mm 的长直焊缝和较大直径（一般不小于 250 mm）的环形焊缝。

一、埋弧焊工作原理

埋弧焊是以电弧作为热源的机械化焊接方法。埋弧焊实施过程如图 7-2 所示，它由四个部分组成：①焊接电源接在导电嘴和工件之间用来产生电弧；②焊丝由焊丝盘经送丝轮和导电嘴送入焊接区；③颗粒状焊剂经由焊剂盒均匀地堆敷到焊缝接口区；④焊丝及送丝轮、焊剂盒和操作面板等通常装在一台小车上，以实现焊接电弧的移动。

埋弧焊焊缝形成过程如图 7-3 所示。埋弧焊时，连续送进的焊丝在一层可熔化的颗粒状

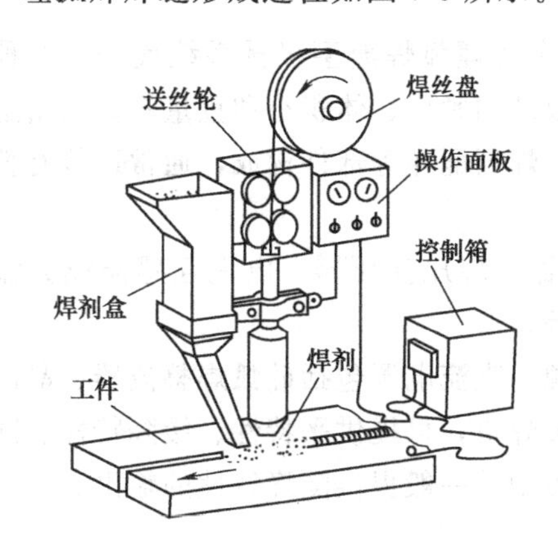

图 7-2　埋弧焊过程示意图

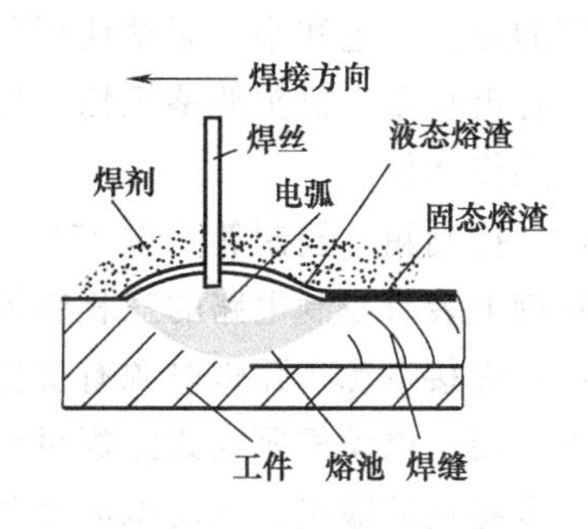

图 7-3　埋弧焊时焊缝的形成过程

焊剂覆盖下引燃电弧。电弧引燃后，焊剂、焊丝和母材不断熔化并形成熔池，同时，不断地添加焊剂，熔化的焊剂浮到表面形成保护焊接区的熔壳；未熔化的焊剂起绝热和屏蔽有害的光辐射的作用，熔池金属受熔渣和焊剂蒸气的保护不与空气接触。随着电弧向前移动，电弧力将液体金属推向后方并逐渐冷却凝固成焊缝。焊接的过程中，焊丝送进速度和熔化速度相互平衡，以保持焊接过程的稳定进行。

二、埋弧焊设备

埋弧焊设备分自动埋弧焊机和手工埋弧焊机两种，与自动埋弧焊机不同的手工埋弧焊机的电弧移动是由焊工操作的，因而劳动强度大，目前国内已很少使用，因此，本项目中提到的埋弧焊均指自动埋弧焊。

MZ-1000 型埋弧焊机，如图 7-4 所示，是根据电弧自身调节原理设计的等速送丝式焊机，其控制系统简单，可使用交流或直流焊接电源，焊接各种坡口的对接、搭接焊缝等，容器的内、外环缝和纵缝。焊机主要由焊接小车、控制箱和焊接电源三部分组成。

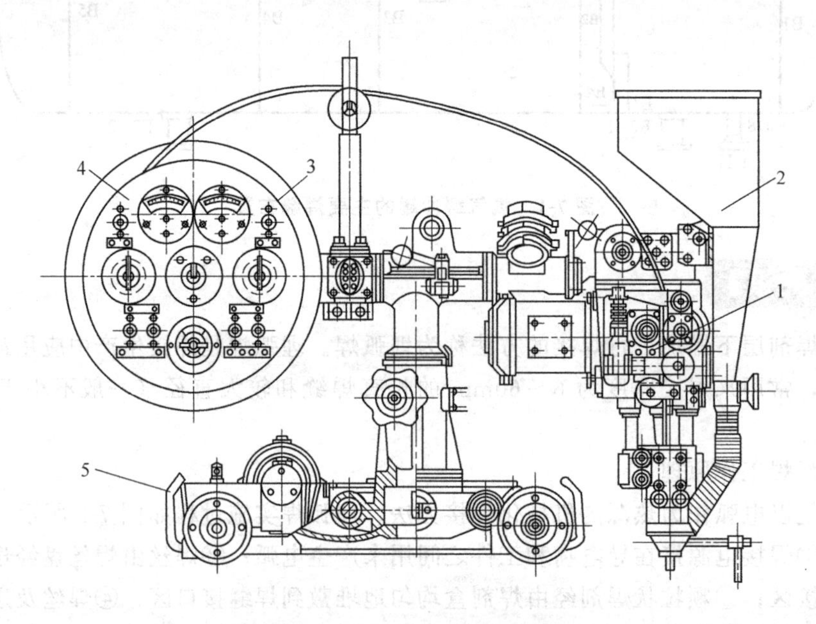

图 7-4 MZ-1000 型埋弧焊机

1—机头；2—焊剂斗；3—焊丝盘；4—控制盘；5—台车

（1）焊接小车 MZ-1000 型埋弧焊机的焊接小车为埋弧焊典型机械系统代表，这种焊接小车的焊丝送进和小车驱动使用同一台电动机，故结构紧凑、体积小和重量轻。它由送丝机头、行走小车、机头调整机构、导电嘴及焊丝盘、焊剂漏斗等部件构成，通常还装有控制系统的操作面板。

（2）控制箱 控制箱中装有中间继电器、接触器、降压变压器、电流互感器或分流器等。箱壁上装有控制电路的三相转换开关和接线板等。

（3）焊接电源 弧焊电源有交流电源和直流电源。直流电源包括硅弧焊整流器、晶闸管弧焊整流器、电动机驱动式弧焊机和内燃机驱动式弧焊机，可提供平特性、缓降特性、陡降特性、垂特性的输出。交流电源通常是弧焊变压器类型，一般提供陡降特性的输出。

三、埋弧焊材料——焊丝、焊剂

埋弧焊用焊接材料主要是焊丝和焊剂，二者直接参与焊接过程中的冶金反应，因而它们的化学成分和物理性能不仅影响埋弧焊过程中的稳定性、焊接接头性能和质量，同时还影响着焊接生产率。

(一) 焊丝

埋弧焊使用的焊丝有实心焊丝和药芯焊丝两类，药芯焊丝只在某些特殊场合应用，焊接生产中普遍使用的是实心焊丝。焊丝品种随所焊金属的不同而不同，目前已有碳素结构钢、低合金钢、高碳钢、特殊合金钢、不锈钢、镍基合金钢丝，以及堆焊用的特殊合金钢丝。常用焊丝标准为 GB/T 14957—1994《熔化焊用钢丝》。

焊丝牌号的字母“H”表示焊接用实心焊丝，字母“H”后面的数字表示碳的质量分数，化学元素符号及后面的数字表示该元素大致的质量分数值。当元素的含量小于 1%时，元素符号后面的 1 省略。有些结构钢焊丝牌号尾部标有“A”或“E”字母，“A”为优质钢，即焊丝的硫、磷含量比普通焊丝低；“E”表示为高级优质品，其硫、磷含量更低。例如：H08Mn2SiA

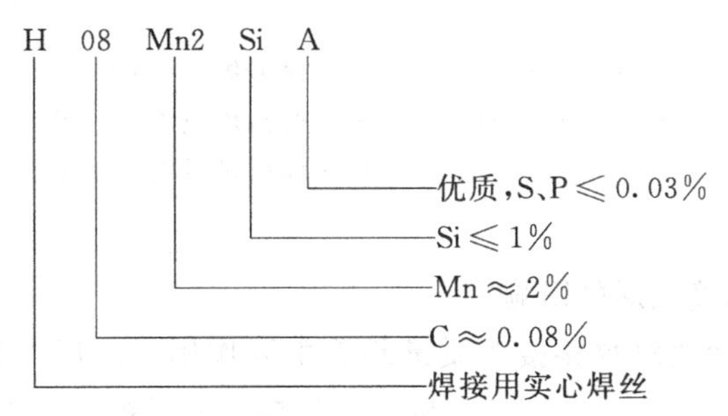

(二) 焊剂

1. 焊剂的型号

焊剂的型号是按照国家标准划分的，我国现行的 GB 5293—1999《埋弧焊用碳钢焊丝和焊剂》中规定：焊剂型号划分原则是依据埋弧焊焊缝金属的力学性能。

焊剂型号的表示方法如下：

尾部的“H×××”表示焊接试板时与焊剂匹配的焊丝牌号，按相应标准选取。

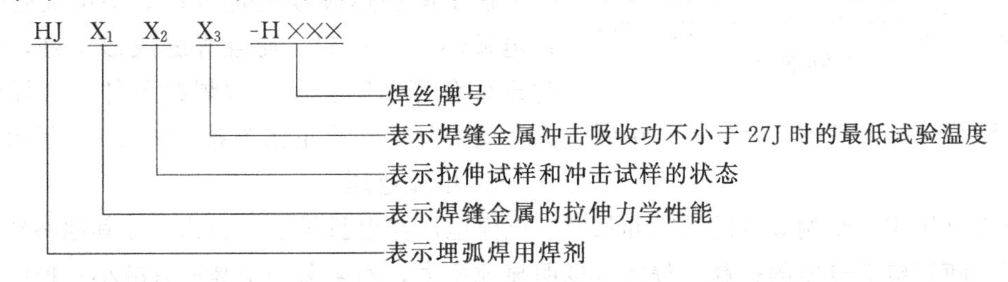

2. 焊剂的牌号

通用的焊剂统一牌号在形式上与焊剂型号相同，但是牌号中数字的含义与焊剂型号是不相同的。

(1) 熔炼焊剂

牌号前“HJ”表示埋弧焊用熔炼焊剂；牌号中第一位数字表示焊剂中氧化锰的含量；牌号中第二位数字表示二氧化硅、氟化钙的含量；牌号中第三位数字表示同一类型焊剂的不同牌号，按 0、1、2、…、9 顺序编排；同一牌号生产两种颗粒度时，在细颗粒焊剂牌号后面加×。

例如：

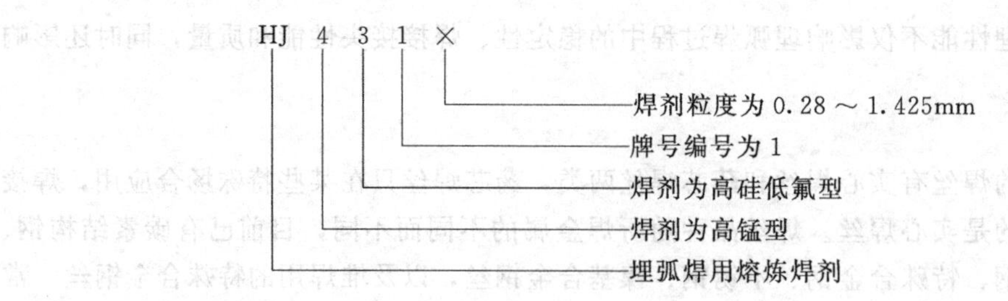

（2）烧结焊剂

牌号前“SJ”表示埋弧焊用烧结焊剂；牌号中第一位数字表示焊剂熔渣渣系的类型；牌号中第二位、第三位数字表示同一渣系类型焊剂中的不同牌号焊剂，按 01、02、…、09 顺序编排。

例如：

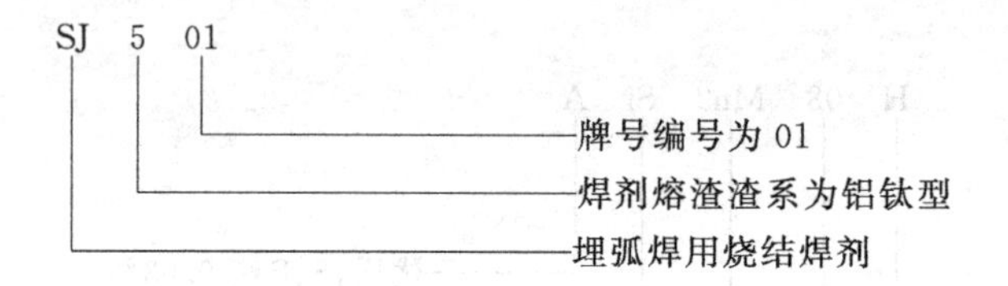

四、埋弧焊工艺

（一）工艺参数对焊缝成形的影响

在埋弧焊中，工艺参数对焊接接头质量起着主要作用，而焊工的操作技能只是次要地位，这与焊条电弧焊正好相反。

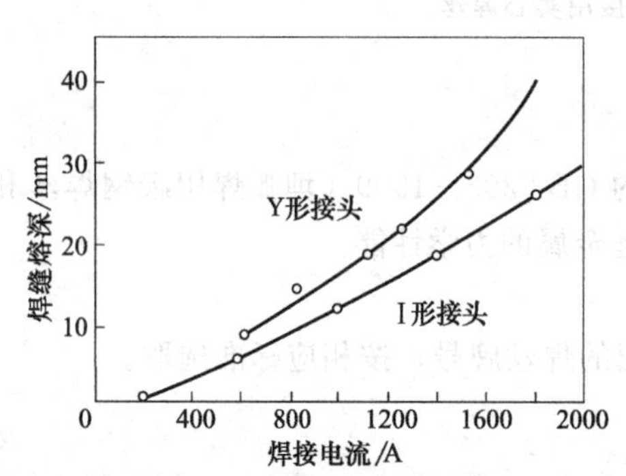

图 7-5 焊接电流与熔深的关系（φ4.8mm）

1. 焊接电流

焊接电流的大小确定后就决定了焊丝的熔化速度和熔透深度。在其他参数不变的条件下，随着焊接电流加大，熔深和余高增大，但如果太大，不但容易烧穿，而且会使焊缝金属晶粒粗大，力学性能下降、热裂倾向加大；如果电流过小，不但电弧燃烧不稳定，而且焊缝成形不好，并易产生未熔合等缺陷。在正常焊接条件下，焊缝熔深几乎与焊接电流成正比关系，如图 7-5 所示。

2. 电弧电压

电弧电压主要影响焊缝的形状和尺寸。电弧电压与电弧长度成正比，在其他参数不变的条件下，随着电弧电压的提高，焊缝宽度明显地增大，而熔深和余高略有减小；但电弧电压过高时，会形成浅而宽的焊道，从而导致未焊透和咬边等缺陷。降低电弧电压，能提高电弧的挺度，增大熔深，减弱电弧偏吹；但电弧电压过低，会形成高而窄的焊缝，使边缘熔合不良。如图 7-6 所示为电弧电压对焊缝断面形状的影响。

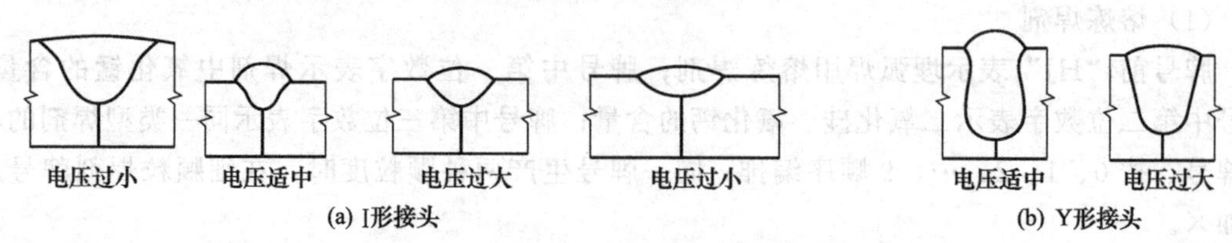

图 7-6 电弧电压对焊缝断面形状的影响

3. 焊接速度

焊接速度对熔深和熔宽均有明显的影响。在其他参数不变的条件下，通常焊接速度小，焊接熔池大，焊缝熔深和熔宽均较大，随着焊接速度增加，焊缝熔深和熔宽都将减小，即熔深和熔宽与焊接速度成反比，如图7-7所示。焊接速度过小，熔化金属量多，焊缝成形差；焊接速度较大时，熔化金属量不足，容易产生咬边和气孔等缺陷。因此，实际焊接时，焊接速度必须与所选定的焊接电流、电弧电压相匹配，才能保证焊缝质量。

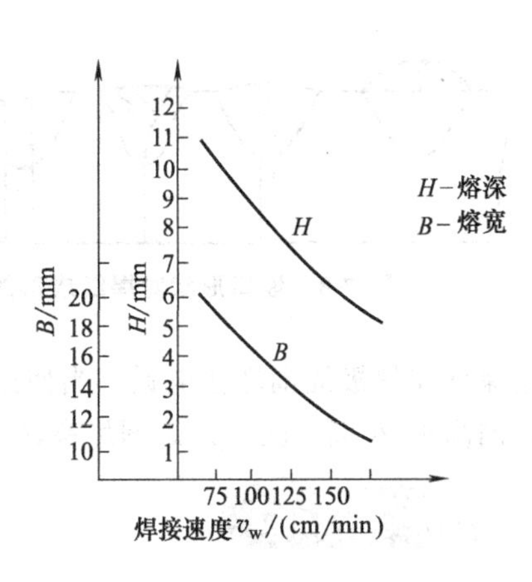

图7-7　焊接速度对焊缝成形的影响

4. 焊丝直径

焊丝直径的选择，主要取决于所使用的焊接设备和被焊工件的形状和尺寸。埋弧焊大多采用粗焊丝，一般为ϕ4～6mm，因大直径的焊丝能承受较高的焊接电流，从而获得相对较高的熔敷速度，提高焊接效率。在其他参数不变的条件下，熔深与焊丝直径成反比关系，但这种关系随电流密度的增加而减弱，这是由于随着电流密度的增加，熔池熔化金属量不断增加，熔融金属后排困难，熔深增加较慢，并随着熔化金属量的增加，余高增加焊缝成形变差，所以埋弧焊时增加焊接电流的同时要增加电弧电压，以保证焊缝成形质量。埋弧焊常用规格焊丝及其适用的焊接电流范围见表7-1。

表7-1　埋弧焊常用规格焊丝及其适用的焊接电流范围

焊丝直径ϕ/mm	焊接电流范围/A
4.0	400～1000
5.0	500～1100
5.5	600～1200
6.0	700～1400

5. 焊丝伸出长度

通过焊接电流的焊丝长度称焊丝伸出长度。这段焊丝的电阻随着焊丝伸出长度的增加而增大，伸出段焊丝因受到电流的预热作用，致使焊丝的熔化速度加快。在焊接电流不变的条件下，加长焊丝伸出长度可使焊丝的熔化速度提高，而熔深减小。因此，在不要求熔深的情况下，可以利用加长伸出长度来提高焊接生产率。为确保焊缝成形良好，一般ϕ4～6mm焊丝推荐伸出长度为50～80mm。

6. 焊丝的偏移量

环缝埋弧焊时，焊丝与工件的转动中心线的相对位置对焊缝成形有很大影响。环缝焊接时，工件在不断地转动，熔化的焊剂和金属熔池倾向于离开电弧流动。因此，应将焊丝逆焊件转动方向后移适当距离，以使焊接熔池在焊接点转到工件中心线位置时凝固，避免液态金属溢流和焊道外形恶化。环缝埋弧焊时，焊丝偏移量的大小取决于焊件直径、焊接速度和焊接电流。一般情况下，偏移量可取40～75mm，并根据实际采用的焊接规范，在焊接过程中加以修整。

（二）工艺条件对焊缝成形的影响

1. 装配间隙和坡口对焊缝成形的影响

在其他条件相同时，增加坡口深度和宽度，焊缝熔深增加，熔宽略有减小，余高显著减

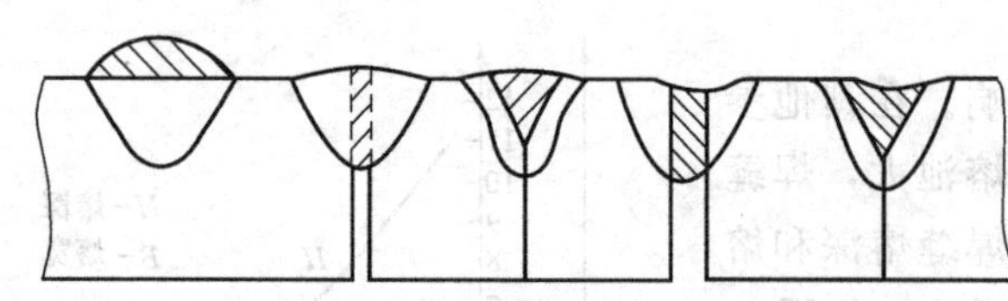
图 7-8 坡口形状对焊缝成形的影响

小，如图 7-8 所示。在对接焊缝中，如果改变间隙大小，也可以调整焊缝形状，同时板厚及散热条件对焊缝熔宽和余高也有显著影响。

2. 焊剂堆高的影响

埋弧焊焊剂堆高一般在 25～40mm，应保证在丝极周围埋住电弧。当使用黏结焊剂或烧结焊剂时，由于密度小，焊剂堆高比熔炼焊剂高出 20%～50%。焊剂堆高越大，焊缝余高越大，熔深越浅。

【相关技能】

一、埋弧焊基本操作技术

1. 引弧

在埋弧焊中，最常用的引弧方法有钢绒球法、焊丝尖端法和焊丝回抽法三种。引弧是否顺利在不能采用引弧板的封闭焊缝中（如环缝）对焊接质量有一定影响。

在这三种引弧方法中最后一种最常用，而且引弧最可靠，也没有特殊要求。引弧时，首先是将焊丝与工件正好接触，然后撒上焊剂并通上电流。此时焊丝与工件短接，电压接近于零，使焊丝给送，电机反转，回抽焊丝，引燃电弧。当电弧电压上升到给定值时，送丝电机立刻改变方向，向下以正常速度送丝。采用这种方法引弧时，必须将焊丝端部清理干净，无熔渣层，工件表面应清除氧化皮等。

对于容器筒节的纵缝焊接时，必须装上引弧板，引弧应在引弧板上进行，引弧板的接头形式应与被焊筒节的接头形式一样。

2. 收弧

对于容器纵缝焊接必须装有熄弧板，收弧和灭弧都应在熄弧板上进行。对于不能装熄弧板的封闭焊缝（如环缝），则在焊至焊缝末端时，再向前焊到焊缝首端上 40～50mm 时，先将焊接小车断电停止前进，焊丝继续送进，稍等片刻，待弧坑填满，立即切断焊接电源，结束焊接。

3. 焊丝对中

在埋弧焊中，焊丝相对于接头和工件的位置也很重要。不正确的焊丝位置往往会引起焊缝成形不良，导致咬边、夹渣和未焊透等缺陷。在薄板和厚板对接的根部焊缝焊接时，焊缝的中心线必须对准接头的中心线。如焊丝偏离接头的中心线，则很可能产生未焊透。当焊接不等厚的焊接接头时，焊丝应适当地向较厚侧偏移。在 V 形坡口和 U 形坡口填充层焊接时，为保证焊缝与侧壁很好熔合又不致产生咬边、未熔合，焊丝离侧壁应大致等于焊丝的直径。

二、氧气缓冲罐的埋弧焊实施方法及工艺参数选择

(一) 焊前准备

① 熟悉图纸和焊接工艺要求，详细了解产品材质、规格、焊接接头合格级别等要求。

② 检查被焊件装配尺寸、坡口是否符合图纸及工艺要求，并清理坡口两侧 50mm 范围内油污、水、铁锈等。

③ 检查焊接设备是否能可靠运行，清渣工具和劳动防护是否配备齐全。

④ 检查所选用焊丝、焊剂是否符合工艺要求，是否已按规定进行烘干。

表 7-2　接头焊接工艺卡

接头简图

Q345R　外侧　Q345R　12　2　1　≤1.8　≤1.5　2±1　2±1　12

焊接顺序		焊接位置	平位
1	清理坡口，用同第一层规范点固定位焊，焊点长 20～30mm，间距 200～300mm	接头名称	筒节对接焊缝
		预热温度	室温
2	检查坡口及装配质量	层间温度/℃	≤150
3	埋弧焊焊接 1 层	焊后热处理	—
4	清理焊根，埋弧焊焊接 2 层。打焊工钢印	后热	—
5	检查焊缝外观质量。焊缝余高≤15%δ	施焊技术	—
6	20%RT 检查Ⅲ级合格		

焊接位置		平位		检验
母材	Q345R	厚度/mm	δ=12	
焊缝金属	H10Mn2	厚度/mm	T=12	

层-道		焊接方法	填充材料		焊接电流		电弧电压/V	焊接速度/(cm/min)	热输入/(kJ/cm)	钨极氩弧焊					
层	道		牌号	直径/mm	极性	电流/A				钨极直径/mm	喷嘴直径/mm	气体成分/%	气体流量 正面	气体流量 背面	脉冲频率
1	1	SAW	H10Mn2	ϕ4.0	反接	550～600	33～34	40～50	≤31.5	ϕ=	ϕ=				
			SJ101												
2	1	SAW	H10Mn2	ϕ4.0	反接	600～650	33～36	40～50	≤35.1						
			SJ101												

（二）埋弧焊焊接

① 点固定位焊，埋弧焊要求接头间隙均匀无错边，装配时需根据不同板厚进行定间距、定位焊。定位焊一般采用焊条电弧焊，焊点长度20～30mm，间距200～300mm。另外直缝接头两端尚需加引弧板和熄弧板，以减少引弧和引出时产生缺陷。

② 接通电源，按焊接工艺规程的要求选定焊接工艺参数和焊丝、焊剂，并进行第一层焊接。本实例中，筒体与封头的焊接接头、筒节与筒节之间的焊接接头均采用“I”形坡口，平对接双面焊，焊丝选用H10Mn2，ϕ4.0mm，焊剂选用SJ101。

③ 正面焊接完毕，背面清根并进行焊接。第一面的焊接参数应保证熔深超过工件厚度的60%～70%。焊完第一面后翻转工件，进行反面焊接，其参数可以与正面的相同以保证工件完全焊透。预留间隙双面焊的焊接条件依工件的不同而异，在预留间隙的I形坡口内，焊前均匀塞填干净焊剂，然后在焊剂垫上施焊，可减少产生夹渣的可能，并可改善焊缝成形。

④ 焊完后清渣，检查焊缝表面有无缺陷。

（三）焊接工艺参数的选择

对氧气缓冲罐的主体焊缝进行焊接，材质Q345R，厚度12mm，选用具体工艺参数见表7-2接头焊接工艺卡。

【考核评价】

任务一　考核评价表

序号	考评项目	分值	考核办法	教师评价（60%）	组长评价（20%）	学生评价（20%）
1	学习态度	20	出勤率、听课态度、实训表现			
2	学习能力	10	回答问题、获取信息、制定及实施工作计划			
3	操作能力	50	1. 操作前准备(10分) 2. 操作程序（20分） 3. 埋弧焊质量(10分) 4. 安全文明生产情况(10分)			
4	团队协作精神	20	小组内部合作情况、完成任务质量、速度等			
合计		100				
综合得分						

【思考与练习】

1. 简述埋弧焊工作原理？
2. 埋弧焊主要工艺参数有哪些？
3. 埋弧焊常用引弧方法有几种？
4. 埋弧焊主要焊接材料有什么？
5. 简述埋弧焊操作步骤？

任务二　焊条电弧焊

【学习任务单】

学习领域	压力容器常用焊接方法	
学习情境七	压力容器的焊接	
学习任务二	焊条电弧焊	课时:4学时
学习目标	1. 知识目标 (1)了解焊条电弧焊工作原理。 (2)了解焊条电弧焊相关设备。 (3)熟悉焊条电弧焊常用焊接材料并能正确选用。 (4)熟悉焊条电弧焊主要工艺参数并能正确选用。 2. 能力目标 能够正确使用焊条电弧焊设备按照操作规程对试板进行双面焊接。 3. 素质目标 (1)培养学生团队协作意识和严谨求实的精神。 (2)培养学生良好的心理素质和解决实际问题的能力	

一、任务描述

本项目的主要任务是使用焊条电弧焊设备对氧气缓冲罐的筒体最后一道环焊缝、人孔短节、接管与筒体之间的焊缝进行焊接。筒节、封头和接管材料材质Q345R和20#,筒节封头厚度12mm;人孔壁厚10 mm;接管壁厚6 mm。在任务完成过程中,要了解焊条电弧焊的工作原理、焊接设备、焊接材料以及焊接规范对焊缝成形质量的影响,掌握使用焊条电弧焊设备进行焊接的基本技能。

二、相关材料及资源

1. 教材。
2. 教学课件。
3. 焊条电弧焊设备。
4. 试件。
5. 相关视频材料。

三、任务实施说明

1. 学生分组,每小组5~6人。
2. 小组进行任务分析和资料学习。
3. 现场教学。
4. 小组讨论,认真阅读焊条电弧焊的操作规程,制定焊条电弧焊的步骤并确定技术参数。
5. 小组合作,使用焊条电弧焊设备对试板进行双面焊接。
6. 检查、评价。

四、任务实施要点

1. 清理试件,坡口两侧50mm范围内无水、锈、油污等。
2. 接通焊接电源,根据试件材质、厚度,选择相应的焊接材料和焊接工艺参数。
3. 试件两端20mm范围内点固定位焊,间隙及反变形自定。
4. 按制定的焊接工艺规程对试件进行双面焊接。
5. 清理试件,检查焊接接头尺寸及表面质量。
6. 切断电源,清理施焊现场

【相关知识】

焊条电弧焊是用手工操纵焊条进行焊接的电弧焊方法。焊条电弧焊具有设备简单、操作方便、适应性强等特点，所以在压力容器制造业中得到了广泛应用。

一、焊条电弧焊工作原理

焊条电弧焊时，焊条和工件之间燃烧的电弧所产生的热量使焊条和母材迅速熔化形成熔池，熔池液态金属逐步冷却结晶，形成焊缝。焊条药皮燃烧分解，产生的保护气体将电弧区域与空气隔离，一部分药皮熔化后形成熔渣，覆盖正在凝固的焊缝金属，保证所形成焊缝的性能。焊条电弧焊的过程如图 7-9 所示。

二、焊接设备

（一）基本焊接设备

焊条电弧焊的基本焊接设备如图 7-10 所示。它由交流或直流弧焊电源（电焊机）、焊钳、电缆、焊条、电弧、工件及地线等组成。用直流电源焊接时，工件和焊条与电源输出端正、负极的接法称极性。工件接直流电源正极，焊条接负极时，称正接或正极性；工件接负极，焊条接正极时，称反接或反极性。

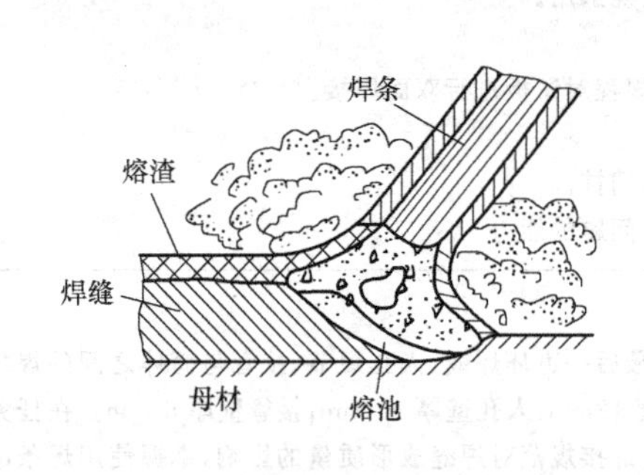

图 7-9 焊条电弧焊过程示意图

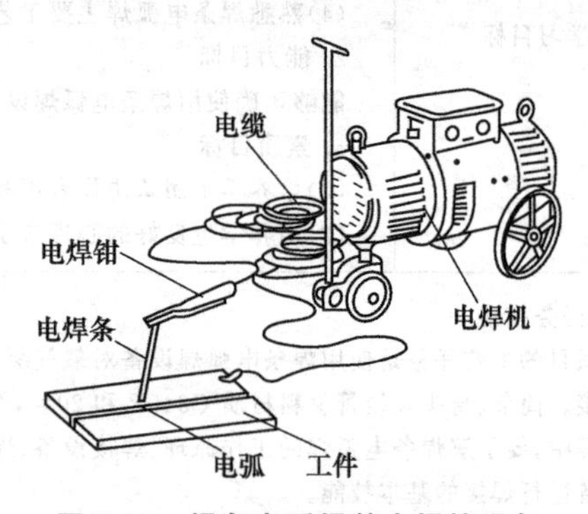

图 7-10 焊条电弧焊基本焊接设备

（二）弧焊电源

（1）电源种类　焊条电弧焊采用的焊接电流既可以是交流也可以是直流，所以焊条电弧焊电源既有交流电源也有直流电源。

（2）电源的选择　焊条电弧焊要求电源具有陡降的外特性、良好的动特性和合适的电源调节范围。电源主要是根据所使用的焊条类型和所要焊接的焊缝形式进行选择。低氢钠型焊条必须选用直流弧焊电源，以保证电弧稳定燃烧。酸性焊条虽然交、直流均可使用，但一般选用结构简单且价格较低的交流弧焊电源。

（三）常用工具和辅具

1. 焊钳

焊钳的作用是夹持焊条和传导焊接电流。焊钳应具有良好的导电性能、不易发热、重量轻、夹持焊条牢固及更换焊条方便等特性。图 7-11 所示为焊钳简图。

2. 焊接电缆快速接头、快速连接器

它是一种快速方便地连接焊接电缆与焊接电源的装置。具有轻便适用、接触电阻小、无局部过热、操作简单、连接快、拆卸方便等特点。

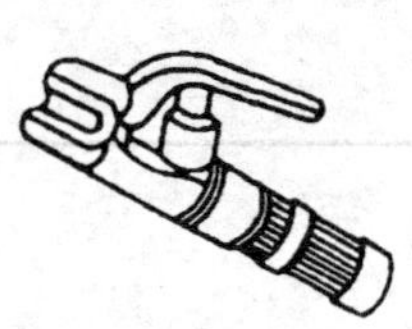

3. 接地夹钳

接地夹钳是将焊接导线或接地电缆接到工件上的一种器具。

4. 焊接电缆

图 7-11 焊钳

利用焊接电缆将焊钳和接地夹钳接到电源上，作用是传导焊接电流。电缆应具有足够的导线截面积，绝缘性好，还必须耐磨，柔软易弯曲，以便焊工容易操作。

5. 面罩及护目玻璃

面罩是用来保护焊工面部及颈部免受强烈弧光、其他辐射及金属飞溅的灼伤，有手持式和头盔式两种。护目玻璃装在面罩上，用来减弱弧光强度，吸收大部分红外线和紫外线。焊接时，焊工通过护目玻璃观察熔池情况，正确掌握和控制焊接操作过程。它有各种色泽，其颜色深浅由色号反映，选择合适的护目玻璃十分重要，主要根据焊接电流大小、焊工年龄和视力情况确定。

焊工面罩如图 7-12 所示。

6. 焊条保温筒

是焊工焊接操作现场必备的辅具，携带方便。将已烘干的焊条放在保温筒内供现场使用，起到防污、防潮等作用，能够避免焊接过程中焊条药皮的含水率上升。图 7-13 所示为焊条保温筒。

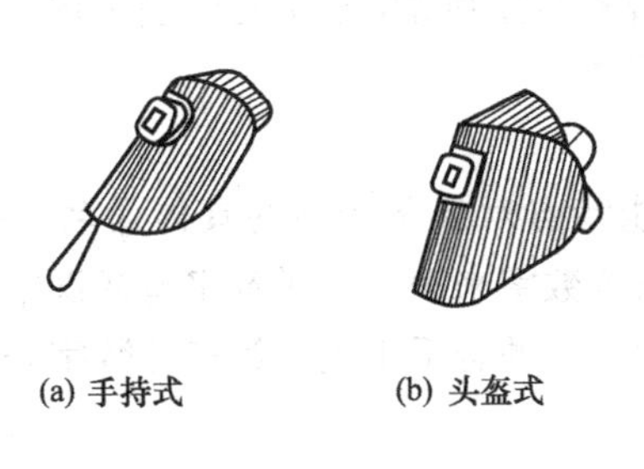

(a) 手持式　(b) 头盔式

图 7-12　焊工面罩

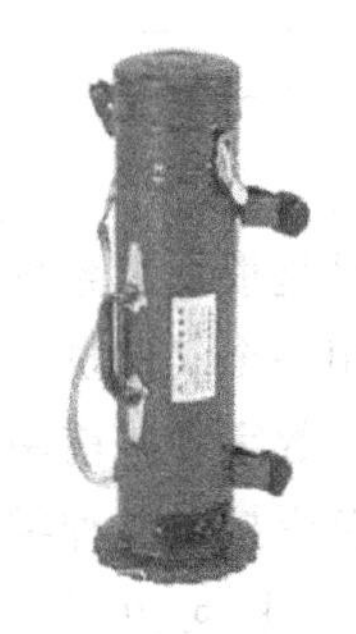

图 7-13　焊条保温筒

7. 防护服

为了防止焊接时触电及被弧光和金属飞溅物灼伤，焊工焊接时，必须戴皮革手套、工作帽，穿好白帆布工作服、脚盖、绝缘鞋等。焊工在敲渣时，应戴有平光眼镜。

8. 其他辅具

焊工应备有角向磨光机、钢丝刷、清渣锤、扁铲和锉刀等辅具。

三、焊接材料——焊条

(一) 焊条的组成

涂有药皮的供弧焊用的熔化电极称为电焊条，简称焊条。焊条由焊芯和药皮组成。

1. 焊芯

焊条中被药皮包覆的金属芯称焊芯。焊条电弧焊时，焊芯既是电极，又是填充金属。焊芯的成分直接影响熔敷金属的成分和性能。

2. 药皮

涂覆在焊芯表面的有效成分称为药皮，也称涂层。

(二) 焊条的分类

(1) 按药皮主要成分分类　不定型、氧化钛型、钛钙型、钛铁矿型、氧化铁型、纤维素型、低氢钾型、低氢钠型、石墨型和盐基型等 10 大类。

(2) 按熔渣性质分类　酸性焊条和碱性焊条两大类。

(3) 按焊条用途分类　结构钢焊条、钼和铬钼耐热钢焊条、不锈钢焊条、堆焊焊条、低温钢焊条、铸铁焊条、镍和镍合金焊条、铜和铜合金焊条、铝和铝合金焊条和特殊用途焊条10大类。

(4) 按焊条性能分类　超低氢焊条、低尘低毒焊条、立向下焊条、底层焊条、铁粉高效焊条、抗潮焊条、水下焊条、重力焊条和躺焊焊条等。

(三) 焊条的型号和牌号

1. 焊条型号

焊条型号指的是国家规定的各类标准焊条，是根据熔敷金属的抗拉强度、药皮类型、焊接位置和焊接电流种类划分。如碳钢和低合金钢焊条型号的表示方法如下：

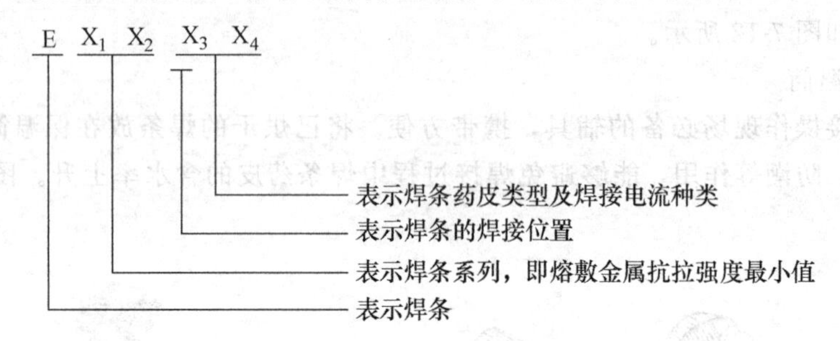

2. 焊条牌号

焊条的牌号是根据焊条的主要用途及性能特点对焊条产品的具体命名，并由焊条厂制定。焊条牌号用一个汉语拼音字母或汉字与三位数字来表示，拼音字母或汉字表示焊条各大类，后面的三位数字中，前两位数字表示各大类中的若干小类，第三位数字表示各种焊条牌号的药皮类型及焊接电源种类。例如：

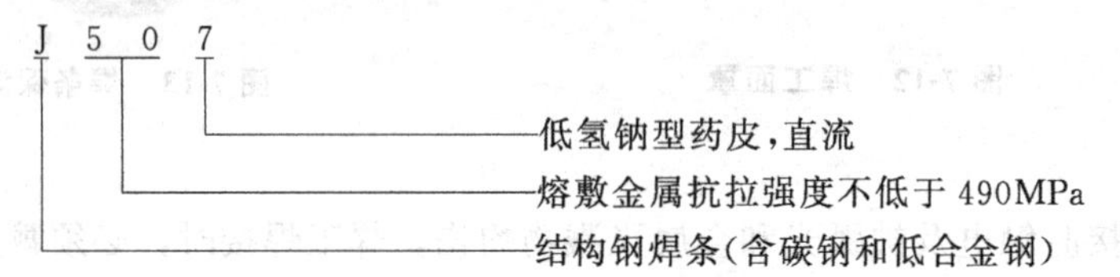

四、焊接工艺

(一) 焊接的空间位置

1. 平焊

焊条位于工件之上，焊工俯视工件所进行的焊接称平焊。平焊时，熔滴金属主要靠自重自然过渡，操作技术比较容易掌握，属于焊接全位置中，最容易焊的一个位置。如图7-14(a) 所示为平焊。

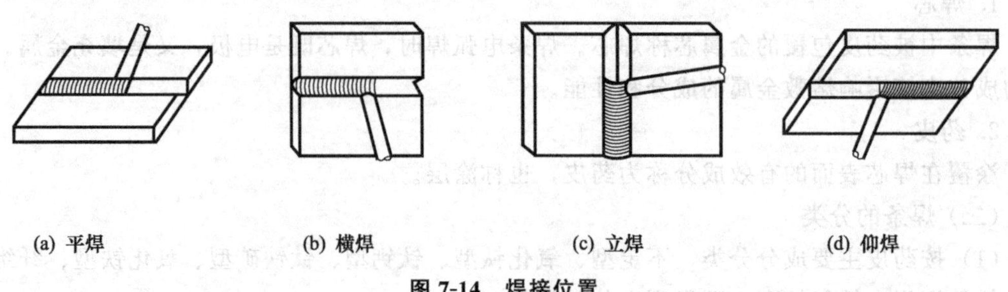

图 7-14　焊接位置

2. 横焊

在工件的立面或倾斜面上横方向进行的焊接叫横焊。横焊时，铁水因自重易下附至坡口上，形成未熔合和层间夹渣，因此横焊比平焊困难，施焊时应根据焊件的厚度选择焊条直径及焊条的角度位置。如图 7-14（b）所示为横焊。

3. 立焊

在工件的立面或倾斜面上进行纵方向的焊接叫立焊。立焊比平焊更难掌握，因为焊接熔池处在垂直面上，熔池中的液体金属因自身重量有流出熔池的趋势，容易形成焊瘤。如图 7-14（c）所示为立焊。

4. 仰焊

焊接时焊条位于工件下方，焊工仰视工件进行的焊接称仰焊。仰焊是焊接中最困难的一种。因为在焊接时，焊接熔池向下，焊条与基本金属熔化后金属液体因自重下流，容易形成根部未焊透、夹渣等缺陷。如图 7-14（d）所示为仰焊。

（二）焊接工艺参数

1. 焊条直径

焊条直径的选择主要依据焊件厚度、接头形式、焊接位置、焊接层数及热输入量等。正常情况下，焊件壁厚越厚则选择的焊条直径越粗。在容器的焊接中，除了厚壁焊件的封底焊缝、小口径管对接焊缝和薄板接头的焊接应采用 $\phi2.5$mm 或 $\phi3.2$mm 焊条，其余各种焊件均可采用 $\phi4.0\sim6.0$mm 焊条进行焊接。不同的焊接位置，选用的焊条直径也不同，通常平焊时选用较粗的 $\phi4.0\sim6.0$mm 焊条，立焊和仰焊时选用 $\phi3.2\sim4.0$mm 焊条，横焊时选用 $\phi3.2\sim5.0$mm 焊条。

2. 焊接电流

焊接时流经焊接回路的电流称为焊接电流。焊接电流是焊条电弧焊的主要工艺参数，其大小直接影响着焊接质量和效率，焊接电流的选择主要考虑焊条直径、焊接位置和焊接层次等因素。

（1）焊条直径　实际生产中，主要根据焊条直径选择焊接电流，焊条直径越粗，熔化焊条所需的热量越大，焊接电流也就越大。焊接电流和焊条直径大致存在下列关系：

$$I=dK$$

式中，I 为焊接电流，A；d 为焊条直径，mm；K 为经验系数，A/mm，参照表 7-3 选取。

表 7-3　焊接电流经验系数与焊条直径的关系

焊条直径 d/mm	1.6	2.0～2.5	3.2	4.0～6.0
经验系数 K	20～25	25～30	30～40	40～50

（2）焊接位置　平焊位置焊接时，可选择偏大些的焊接电流；立焊和横焊时，焊接电流一般比平焊时低 10%～15%；仰焊时，焊接电流比平焊时低 15%～20%。

（3）焊接层次　通常打底焊时，为保证背面焊道质量，选用较小的焊接电流；填充焊时，为提高效率，保证熔合好，选用较大的焊接电流；盖面焊时，为防止咬边，保证焊道成形，选用稍小些的焊接电流。

（4）电弧电压　电弧两端之间的压降即电弧电压。电弧电压主要由电弧长度决定，电弧长，电弧电压高，反之则低。焊接过程中，电弧不宜过长，否则会出现电弧燃烧不稳定、飞溅大、熔深浅及产生咬边、气孔等缺陷；若电弧太短，容易粘焊条。一般情况下，弧长可按下式确定：

$$L=(0.5-1.0)d$$

式中，L 为电弧长度 mm；d 为焊条直径 mm。

碱性焊条的电弧长度不超过焊条的直径，为焊条直径的一半较好，尽可能选择短弧焊；酸性焊条的电弧长度应等于焊条直径。

(5) 焊接速度　焊条电弧焊的焊接速度是指焊接过程中焊条沿焊接方向移动的速度，即单位时间内完成的焊缝长度。焊接速度过快会造成焊缝变窄，容易产生咬边等缺陷；焊接速度过慢会使焊缝变宽，余高增加，功效降低。焊接速度还直接决定着热输入量的大小。

(6) 焊缝层数

中厚板的焊接，一般要开坡口并采用多层焊或多层多道焊。多层焊时，前一层焊缝对后一层焊缝起预热作用，而后一层焊缝对前一层焊缝起热处理作用。焊接过程中，应选择合适的焊接层数，焊缝层数少，每层焊缝厚度太大时，由于晶粒粗大，将导致焊接接头的力学性能下降。

(7) 热输入

熔焊时，由焊接能源输入给单位长度焊缝上的热量称为热输入。其计算公式如下：

$$Q=\frac{\eta IU}{u}$$

式中，Q 为单位长度焊缝的热输入，J/cm；I 为焊接电流 A；U 为电弧电压，V；u 为焊接速度，cm/s；η 为热效率系数，焊条电弧焊为 0.7～0.8。

热输入对于低碳钢焊接接头性能的影响不大，对于低合金钢和不锈钢等钢种，热输入太大时，接头性能可能降低；热输入太小时，有的钢种焊接时可能产生裂纹。因此，焊接工艺应规定热输入。焊接电流和热输入规定之后，焊条电弧焊的电弧电压和焊接速度就间接地大致确定了。

【相关技能】

一、焊条电弧焊基本操作技术

(一) 引弧

焊接开始时，引燃焊接电弧的过程称为引弧。焊条电弧焊引弧方法有划擦法和敲击法两种。

(1) 划擦法　划擦法是将焊条在焊件表面上划动一下，即可引燃电弧。如图 7-15 (a) 所示。

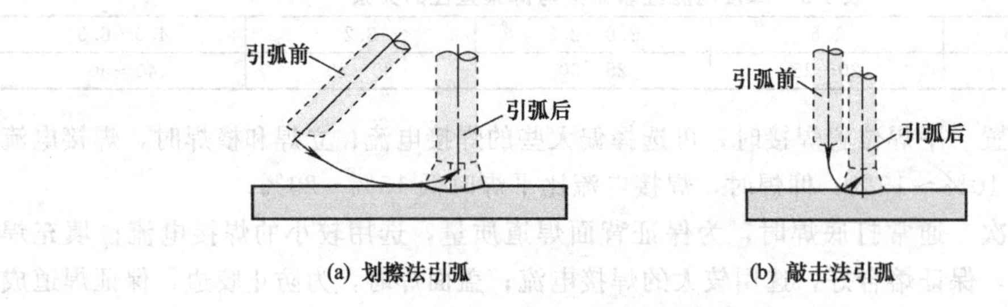

图 7-15　焊条电弧焊的引弧方法

(2) 敲击法　敲击法是将焊条垂直与焊件接触形成短路后迅速提起 2～4mm 的距离后电弧即引燃。如图 7-15 (b) 所示。

(二) 运条

焊接过程中，焊条相对焊缝所做的各种动作的总称称为运条。电弧引燃后，焊条必须有三个基本方向的运条动作，即焊条朝着熔池方向逐渐下降、焊条沿焊接方向前移、焊条做横向摆动。如图 7-16 所示。

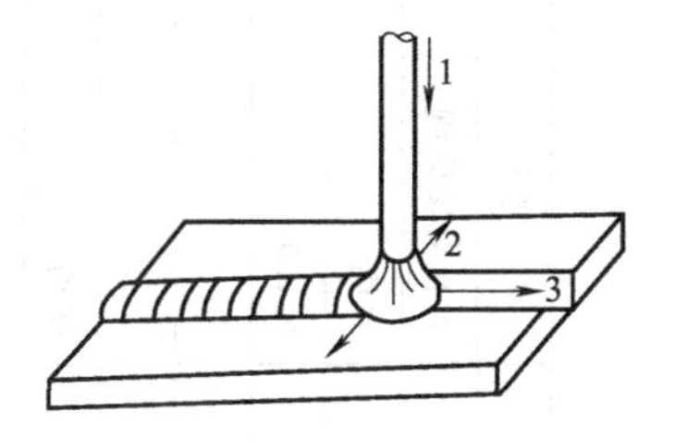

图 7-16　运条的基本动作

1—焊条送进；2—焊条摆动；3—沿焊缝移动

运条的方法有很多，焊工可以根据焊接接头形式、焊接位置、焊条规格、焊接电流和操作熟练程度等因素合理选择。常用的运条方法见表 7-4。

（三）收弧

焊缝焊接结束时，中断电弧的方法称为收弧。如果收弧时立即拉断电弧则易产生弧坑，引起裂纹、气孔等缺陷。常用的收弧方法包括连弧法收弧和断弧法收弧。

表 7-4　焊条电弧焊常用运条方法

运条方法	运条示意图
直线形运条方法	
直线往复形运条方法	
锯齿形运条方法	
月牙形运条方法	
三角形运条方法	
圆圈形运条方法	
八字形运条方法	

（1）连弧法收弧　连弧法收弧可分为焊接过程中更换焊条的收弧方法和焊接结束时焊缝收尾处的收弧方法。更换焊条时，为了防止产生缩孔，应将电弧缓慢地拉向后方坡口一侧约 10mm 后再衰减息弧。焊缝收尾处的收弧应将电弧在弧坑处稍作停留，待弧坑填满后将电弧慢慢地拉长，然后熄弧。

（2）断弧法收弧　收弧时，必须将电弧拉向坡口边缘后再熄弧，焊缝收尾处应采取反复断弧的方法填满弧坑。

二、氧气缓冲罐焊条电弧焊实施方法及工艺参数选择

（一）焊前准备

① 熟悉图纸和焊接工艺要求，详细了解产品材质、规格、焊接接头合格级别等要求。

② 检查被焊件装配尺寸、坡口是否符合图纸及工艺要求，并清理坡口两侧 50mm 范围内油污、水、铁锈等。

③ 检查焊接设备是否能可靠运行，清渣工具和劳动防护是否配备齐全。

④ 检查所选用焊条是否符合工艺要求，是否已按规定进行烘干。

表 7-5　氧气缓冲罐主要规格、材质

序　号	部位名称	材料材质	规格/mm
1	筒节	Q345R	12
2	封头	Q345R	12
3	人孔短节	Q345R	10
4	接管	20#	6

表 7-6 接头焊接工艺卡 2

接头简图	焊接顺序		焊接位置	平位
	1	清理坡口，用同第一层规范点固定位焊，焊点长 20～30mm，短节两端 20 mm 范围内各点固一点	接头名称	人孔对接焊缝
			预热温度	室温
	2	检查坡口及装配质量	层间温度/℃	≤150
	3	焊条电弧焊焊接 1～2 层	焊后热处理	—
	4	清理焊根，焊条电弧焊焊接 3 层	后热	—
	5	检查焊缝外观质量。焊缝余高≤15%δ	施焊技术	摆动
	6	100%RT 检查Ⅲ级合格		

焊接位置		平位		检验
母材	Q345R	厚度/mm	δ=10	
焊缝金属	J506	厚度/mm	T=10	

层-道		焊接方法	填充材料		焊接电流		电弧电压/V	焊接速度/(cm/min)	热输入/(kJ/cm)	钨极氩弧焊					
层	道		牌号	直径/mm	极性	电流/A				钨极直径/mm	喷嘴直径/mm	气体成分/%	气体流量 正面	气体流量 背面	脉冲频率
1	1	SMAW	J506	ϕ3.2	反接	100～130	22～24	8～12	≤23.4	ϕ=					
2～3	1	SMAW	J506	ϕ4.0	反接	150～200	24～26	10～16	≤31.2						

表 7-7　接头焊接工艺卡 3

接头简图

Q345R　20#　6　6　12　1　2　3　2±0.5　2±0.5　50°±5°

焊接顺序		焊接位置	全位置
1	清理坡口，用同第一层规范点固定位焊，焊点长 20～30mm，整圆周 3 点	接头名称	接管筒体角缝
		预热温度	室温
2	检查坡口及装配质量	层间温度/℃	≤150
3	焊条电弧焊焊接 1～2 层	焊后热处理	—
4	清理焊根，焊条电弧焊焊接 3 层	后热	—
5	检查焊缝外观质量	施焊技术	摆动

焊接位置		平位		检验			
母材	Q345R	厚度/mm	$\delta=12$				
	20#		$\delta=6$				
焊缝金属	J427	厚度/mm	$T=12$				

层-道		焊接方法	填充材料		焊接电流		电弧电压/V	焊接速度/(cm/min)	热输入/(kJ/cm)	钨极氩弧焊					
层	道		牌号	直径/mm	极性	电流/A				钨极直径/mm	喷嘴直径/mm	气体成分/%	气体流量 正面	气体流量 背面	脉冲频率
1	1	SMAW	J427	$\phi3.2$	反接	110～120	22～24	8～12	≤23.4						
2～3	1	SMAW	J427	$\phi4.0$	反接	150～180	24～26	10～16	≤28.1						

（二）焊条电弧焊焊接

① 点固定位焊，定位焊的工艺参数与第一层焊接规范相同。定位焊不允许有裂纹、气孔、夹渣等缺陷。

② 按焊接工艺规程的要求选定焊接工艺参数和焊条，并进行第一层焊接。本实例中，筒体与封头的焊接接头、人孔短节的焊接接头均采用“V”形坡口，平对接双面焊，焊条选用J506；接管与筒体的角接接头采用全焊透结构，双面焊接，焊条选用J427。

③ 第一层焊接完毕，进行清渣。之后进行第二层焊接。第二层焊接的工艺参数可按焊接工艺进行调整，适当加大焊接电流和焊接速度，焊条直径也可相应加粗。

④ 正面焊接完毕，背面清根并进行焊接。

⑤ 焊完后清渣，检查焊缝表面有无缺陷。

（三）焊接工艺参数的选择

氧气缓冲罐人孔短节的焊接接头、人孔与筒体之间的焊接均采用焊条电弧焊，主要规格、材质见表7-5。具体工艺参数见表7-6、表7-7。

【考核评价】

任务二　考核评价表

序号	考评项目	分值	考核办法	教师评价（60%）	组长评价（20%）	学生评价（20%）
1	学习态度	20	出勤率、听课态度、实训表现			
2	学习能力	10	回答问题、获取信息、制定及实施工作计划			
3	操作能力	50	1. 操作前准备(10分) 2. 操作程序（20分) 3. 焊条电弧焊质量(10分) 4. 安全文明生产情况(10分)			
4	团队协作精神	20	小组内部合作情况、完成任务质量、速度等			
合计		100				
			综合得分			

【思考与练习】

1. 简述焊条电弧焊工作原理？
2. 焊条由几部分组成？
3. 焊接位置有几种？
4. 焊条电弧焊的主要工艺参数有哪些？
5. 焊条电弧焊常用运条方法有哪些？

任务三　手工钨极氩弧焊

【学习任务单】

<table>
<tr><td>学习领域</td><td colspan="2">压力容器常用焊接方法</td></tr>
<tr><td>学习情境七</td><td colspan="2">压力容器的焊接</td></tr>
<tr><td>学习任务三</td><td>手工钨极氩弧焊</td><td>课时:4 学时</td></tr>
<tr><td>学习目标</td><td colspan="2">1. 知识目标
(1)了解手工钨极氩弧焊工作原理。
(2)了解手工钨极氩弧焊相关设备。
(3)熟悉手工钨极氩弧焊常用焊接材料并能正确选用。
(4)熟悉手工钨极氩弧焊主要工艺参数并能正确选用。
2. 能力目标
能够正确使用手工钨极氩弧焊设备按照操作规程对试板进行单面焊双面成形焊接。
3. 素质目标
(1)培养学生团队协作意识和严谨求实的精神。
(2)培养学生良好的心理素质和解决实际问题的能力</td></tr>
<tr><td colspan="3">一、任务描述
本项目的主要任务是使用手工钨极氩弧焊设备对氧气缓冲罐的接管与管法兰之间的焊缝进行焊接。接管与管法兰材料材质 20#与 20Ⅱ;接管壁厚 6 mm。在任务完成过程中,要了解手工钨极氩弧焊的工作原理、焊接设备、焊接材料以及焊接规范对焊缝成形质量的影响,掌握使用手工钨极氩弧焊设备进行焊接的基本技能。
二、相关材料及资源
1. 教材。
2. 教学课件。
3. 手工钨极氩弧焊设备。
4. 试件。
5. 相关视频材料。
三、任务实施说明
1. 学生分组,每小组 5~6 人。
2. 小组进行任务分析和资料学习。
3. 现场教学。
4. 小组讨论,认真阅读手工钨极氩弧焊的操作规程,制定手工钨极氩弧焊的步骤并确定技术参数。
5. 小组合作,使用手工钨极氩弧焊设备对试板进行单面焊双面成形焊接。
6. 检查、评价
四、任务实施要点
1. 清理试件,坡口两侧 20mm 范围内无水、锈、油污等。
2. 接通电路、气路和水路,根据试件材质、厚度,选择相应的焊接材料和焊接工艺参数。
3. 试件两端 20mm 范围内点固定位焊,间隙及反变形自定。
4. 按制定的焊接工艺规程对试件进行单面焊接;引弧前先输送氩气。
5. 清理试件,检查焊接接头尺寸及表面质量。
6. 切断电源及气路、水路,清理施焊现场</td></tr>
</table>

【相关知识】

手工钨极氩弧焊是在氩气的保护下，利用钨电极与工件间产生的电弧热熔化母材和填充焊丝（如果使用填充焊丝）的一种焊接方法。此种焊接方法具有电弧和熔池可见性好，操作方便；没有熔渣，无需焊后清渣；适应于各种位置的焊接等优点。现已广泛应用于压力容器、压力管道的薄板及中厚板的封底焊中。

一、手工钨极氩弧焊工作原理

手工钨极氩弧焊是用钨棒作为电极加上氩气进行保护的焊接方法。焊接时氩气从焊枪的喷嘴中连续喷出，在电弧周围形成气体保护层隔绝空气，以防止其对钨极、熔池及邻近热影响区的有害影响，从而获得优质的焊缝。根据工件的具体要求，焊接过程有填加和不填加焊丝两种。图 7-17 所示为钨极氩弧焊示意图。

二、焊接设备

手工钨极氩弧焊设备主要由焊接电源、焊枪、供气系统、控制系统和冷却系统等部分组成。图 7-18 所示为手工钨极氩弧焊设备示意图。

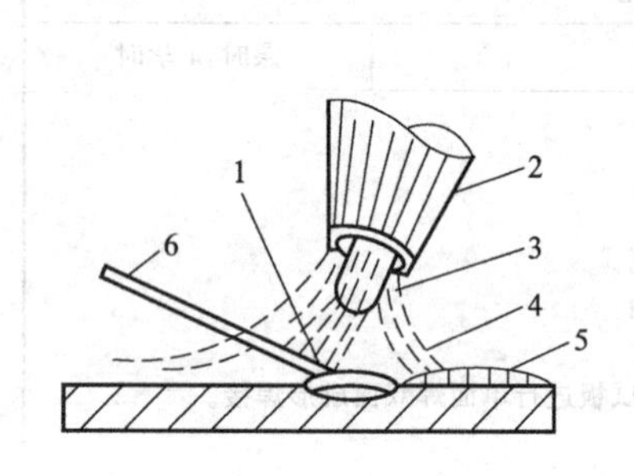

图 7-17 钨极氩弧焊示意图

1—熔池；2—喷嘴；3—钨极；4—电弧；5—焊缝；6—填充焊丝

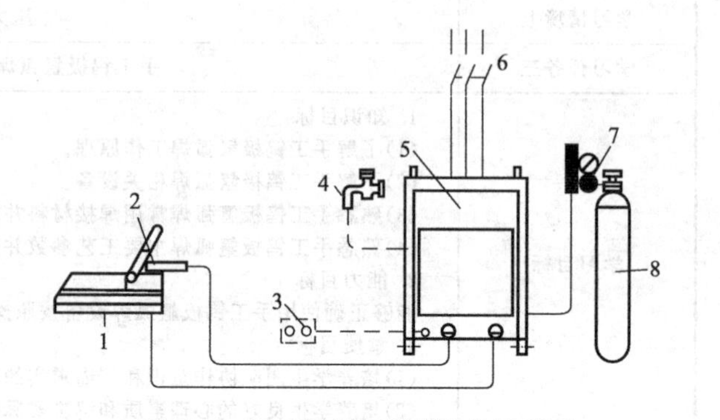

图 7-18 手工钨极氩弧焊设备示意图

1—焊件；2—焊枪；3—遥控盒；4—冷却水；5—电源与控制系统；6—电源开关；7—流量调节器；8—氩气瓶

1. 焊接电源

手工钨极氩弧焊要求采用陡降外特性的电源，以减少或排除因弧长变化而引起的焊接电流波动。电源种类包括直流电源、交流电源、交直两用电源及脉冲电源四种。

2. 焊枪

焊枪的作用是夹持钨极，传导焊接电流和输送保护气体。主要由枪体、钨极夹头、夹头套筒、绝缘帽和喷嘴等几部分组成。按冷却方式可分为气冷式和水冷式两种，前者用于小电流（≤100A）焊接，实际生产中常用水冷式氩弧焊枪，其示意图见图 7-19。

3. 供气系统

供气系统主要包括氩气瓶、氩气流量调节器及电磁气阀。

(1) 氩气瓶　外表涂灰色，并标以“氩气”字样。氩气瓶最大压力为 15MPa，容积一般为 40L。

(2) 氩气流量调节器　起降压和稳压及调节氩气流量的作用。氩气流量调节器的外形如图 7-20 所示。

(3) 电磁气阀　电磁气阀是开闭气路的装置，由延时继电器控制，可起到提前供气和滞后停气的作用。

4. 控制系统

焊接程序的控制装置主要用来控制和调节气、水、电的各个工艺参数以及启动和停止焊接之用。它应满足如下要求：

① 焊前提前 1.5～4s 输送保护气，以驱赶管内及焊接区域空气；

② 焊后延迟 5～15s 停气，以保护尚未冷却的钨极和熔池；

③ 自动接通和切断引弧和稳弧电路；

④ 控制电源的通断；

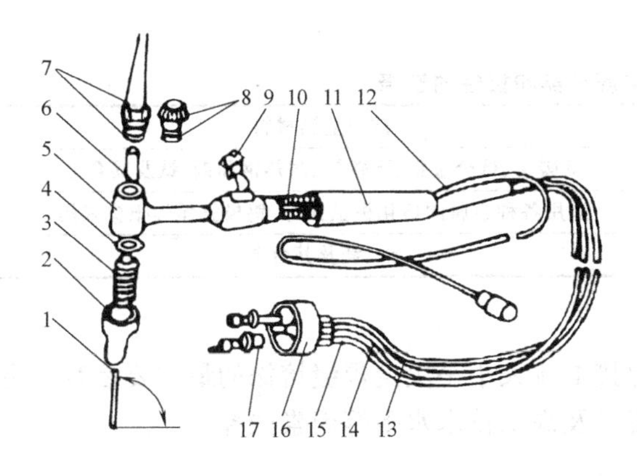

图 7-19　水冷式焊枪示意图

1—钨极；2—陶瓷喷嘴；3—导流件；4,8—密封圈；5—枪体；
6—钨极夹；7—盖帽；9—船形开关；10—扎线；11—手把；
12—插圈；13—进气皮管 14—出水皮管；15—水冷缆管；
16—活动接头；17—水电接头

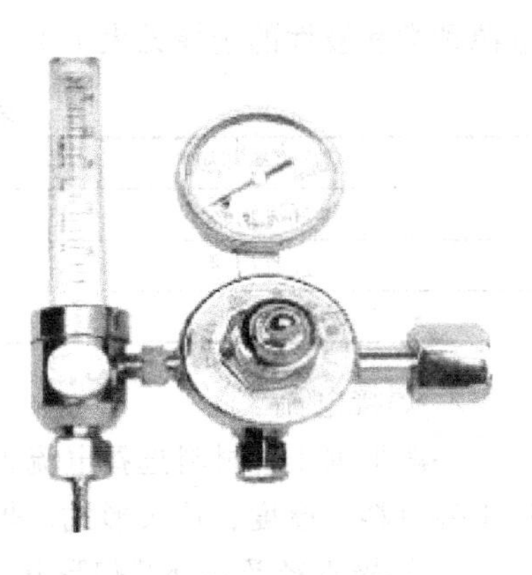

图 7-20　氩气流量调节器

⑤ 焊接结束前电流自动衰减，以消除火口和防止弧坑开裂。

5. 冷却系统

用来冷却焊接电缆、焊枪和钨极。如果焊接电流小于 100A，可以不用水冷却。使用的焊接电流超过 150A 时，必须通水冷却，并以水压开关控制。

三、钨电极和保护气体

1. 钨极

钨极作为氩弧焊的电极，对它的基本要求是：发射电子能力要强；耐高温而不易熔化烧损；有较大的许用电流。目前，国内所用的钨极有纯钨、钍钨和铈钨三种。钨极的长度范围一般在 76 ～ 610mm 之间，常用的直径为 0.5mm、1.0mm、1.6mm、2.0mm、2.4mm、3.2mm、4.0mm、5.0mm、6.3mm、8.0mm、10mm，钨极端部的形状有圆锥形、圆台形和球形，如图 7-21 所示。

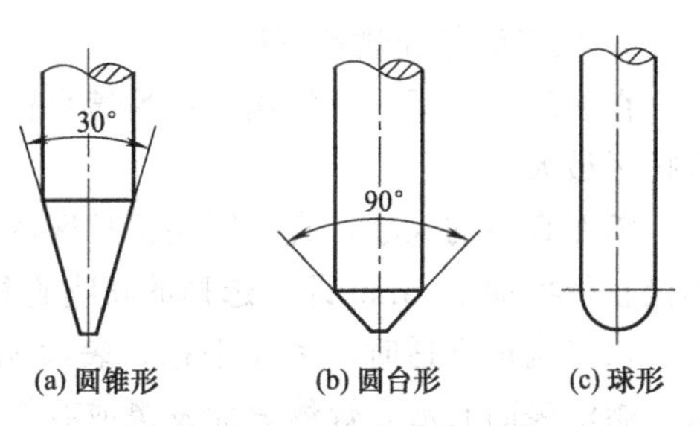

图 7-21　钨极端部形状示意图

2. 保护气体

焊接时，保护气体不仅仅是焊接区域的保护介质，也是产生电弧的气体介质。因此保护气的特性不仅影响保护效果，也影响到电弧的引燃、焊接过程的稳定以及焊缝的成形与质量。氩气是惰性气体，几乎不与任何金属产生化学反应，也不溶于金属中，其密度比空气大，而比热容和热导率比空气小，这些特性使氩气具有良好的保护作用，并且具有好的稳弧特性。当前我国生产的氩气，其纯度可达 99.99%，完全可以满足焊接各种金属的要求。

四、焊接工艺

手工钨极氩弧焊的工艺参数主要有：电源种类和特性，焊接电流，钨极直径，电弧电压，焊接速度，氩气流量和喷嘴直径，喷嘴与工件的距离，钨极伸出长度。

1. 电源种类和极性

钨极氩弧焊可采用三种形式的电源，即直流正接、直流反接和交流电源。各种金属材料电源种类和极性的选择见表 7-8。

表 7-8 电源种类和极性的选择

电源种类和极性	被焊金属材料
直流正接	低碳钢、低合金钢、不锈钢、耐热钢和铜、钛及其合金
直流反接	适用各种金属的熔化极氩弧焊,钨极氩弧焊很少采用
交流电源	铝、镁及其合金

2. 焊接电流

一般根据工件材料选择电流种类，焊接电流大小是决定焊缝熔深的最主要参数，主要根据工件材料、厚度、接头形式、焊接位置以及焊工技术水平等因素选择。

3. 钨极直径及端部几何形状

钨极直径主要根据焊接电流的大小、电流种类和极性来选择。通常希望所选定的钨极能在接近最大允许电流下工作，这样电弧热量比较集中，电弧最稳定，熔深也最大。

钨极端部形状主要根据所用焊接电流种类选用。一般在小电流焊接时，选用小直径钨极和小的锥角，可使电弧容易引燃和稳定；大电流焊接时，增大锥角可避免尖端过热熔化，减少损耗，并防止电弧往上扩展而影响阴极斑点的稳定。

4. 电弧电压

电弧电压主要由弧长决定。电弧长度增加，容易产生未焊透，并使保护效果变差，因此应在电弧不短路的情况下，尽量控制电弧长度，一般弧长近似等于钨极直径。

5. 焊接速度

焊接速度主要根据工件厚度选择，并和焊接电流、预热温度等配合，以保证获得所需的熔深和熔宽。过快的焊接速度会使气体保护氛围破坏，焊缝容易产生未焊透和气孔；焊接速度太慢时，焊缝容易烧穿和咬边。

6. 氩气流量和喷嘴直径

在一定条件下，氩气流量和喷嘴直径有一个最佳范围，此时，气体保护效果最佳，有效保护区最大。

喷嘴直径的大小，直接影响保护区的范围，一般根据钨极直径来选择。按经验，2 倍的钨极直径再加上 4mm 即为选择的喷嘴直径。

氩气流量合适时，熔池平稳，表面明亮无渣，无氧化痕迹，焊缝成形美观；流量不合适，熔池表面有渣，焊缝表面发黑或有氧化皮。氩气的合适流量为 0.8～1.2 倍的喷嘴直径。

7. 喷嘴与工件的距离

一般喷嘴端部与工件距离在 8～14mm 为宜，距离越大，气体保护效果越差，但距离太近会影响焊工视线，且容易使钨极与熔池接触而短路，产生夹钨。

8. 钨极伸出长度

为了防止电弧热烧坏喷嘴，钨极端部应突出喷嘴以外，其伸出长度一般为 3～4mm。伸出长度过小，焊工不便于观察熔化状况，对操作不利；伸出长度过大，气体保护效果会受到一定影响。

【相关技能】

一、手工钨极氩弧焊基本操作技术

1. 引弧

通常手工钨极氩弧焊机本身具有引弧装置，钨极与焊件并不接触保持一定距离，就能在施焊点上直接引燃电弧。如没有引弧装置操作时，可采用短路引弧，即依靠钨极和引弧板或者工件之间接触引弧，这种引弧方法对钨极损耗较大，应尽量少用。

2. 施焊

电弧引燃后，使焊枪的轴线与焊件表面约成70°～80°角，并将电弧作环向移动，直到形成所要求尺寸的熔池，然后再作横向摆动，使坡口的两侧能很好地熔合。添加填充焊丝时，应使填充焊丝与焊件表面成15°～20°角，并缓慢地往复地向焊接熔池送给，同时应注意在熔池前面成熔滴状加入，送丝要均匀，不要扰乱氩气流量，焊丝端部应始终放在氩气保护区内，以免氧化。送丝过程中，焊丝不能与钨极接触，否则钨极会被污染，加剧钨极的烧损。焊接终了时，应多加些焊丝，然后慢慢拉开，防止产生过深的弧坑。焊丝、焊枪与焊件的相对位置如图7-22所示。

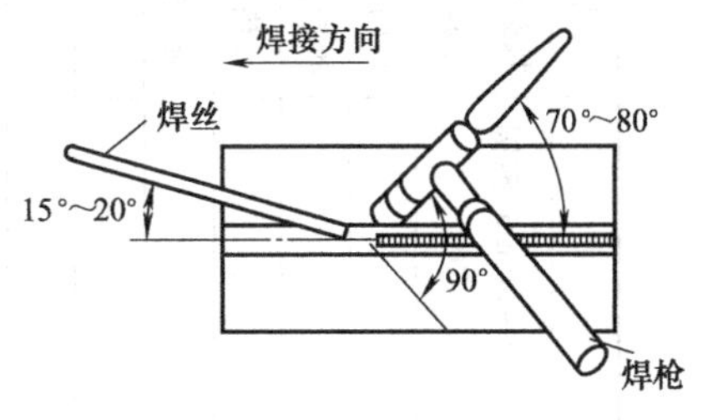

图7-22　焊丝、焊枪与焊件的相对位置

3. 熄弧（收弧）

焊接结束时，应先将焊丝抽出熔池，但仍应在保护气体的保护区内，以防止焊丝加热端的氧化，焊枪也不要抬起（指断电后），停3～5s直到钨极及熔池区域稍冷却之后才能停止送气，并抬起焊枪，直到灭弧。

二、氧气缓冲罐手工钨极氩弧焊实施方法及工艺参数选择

1. 焊前准备

① 熟悉图纸和焊接工艺要求，详细了解产品材质、规格、焊接接头合格级别等要求。

② 检查被焊件装配尺寸、坡口是否符合图纸及工艺要求，并清理坡口两侧20mm范围内油污、水、铁锈等。

③ 检查电源线路、水路、气路等是否正常，劳动防护是否配备齐全。

④ 检查所选用焊丝是否符合工艺要求，是否擦拭干净。

2. 手工钨极氩弧焊焊接

① 点固定位焊，定位焊的工艺参数与第一层焊接规范相同。定位焊不允许有裂纹、气孔、夹渣等缺陷。

② 按焊接工艺规程的要求选定焊接工艺参数和焊条，并进行第一层焊接。引弧前应提前5～10s输送氩气，借以排除管中及工件被焊处的空气，并调节氩气流量。本实例中，接管与管法兰的焊接接头采用“V”形坡口，平对接单面焊双面成形，焊丝选用H08A。

③ 第一层焊接完毕，进行第二层焊接。第二层焊接的工艺参数可按焊接工艺进行调整，适当加大焊接电流和焊接速度。

④ 检查焊缝表面有无缺陷。

⑤ 关闭气路和电源，并清理操作现场。

3. 焊接工艺参数的选择

氧气缓冲罐接管与管法兰的焊接接头采用手工钨极氩弧焊进行焊接，材质20#与20Ⅱ，接管壁厚6mm，选用具体工艺参数见表7-9。

表 7-9 接头焊接工艺卡 4

接头简图

件3,5,8,15 / 20 外侧；件4 / 20Ⅱ；60°±5°；≤1.5；2；1；6；2±1；≤1.5；2±1；6

序号	焊接顺序	焊接位置	平位
1	清理坡口,用同第一层规范点固定位焊,焊点长 20～30mm,整圆周 2～3 点	接头名称	接管对接焊缝
		预热温度	室温
2	检查坡口及装配质量	层间温度/℃	≤150
3	手工钨极氩弧焊焊接 1～2 层	焊后热处理	—
4	检查焊缝外观质量。焊缝余高≤1.5	后热	—
5		施焊技术	—
6			

焊接位置		平位		检验
母材	20#	厚度/mm	$\delta=6$	
焊缝金属	H08A	厚度/mm	$T=6$	

层-道		焊接方法	填充材料		焊接电流		电弧电压/V	焊接速度/(cm/min)	热输入/(kJ/cm)	钨极氩弧焊					
层	道		牌号	直径/mm	极性	电流/A				钨极直径/mm	喷嘴直径/mm	气体成分/%	气体流量/(L/min) 正面	气体流量/(L/min) 背面	脉冲频率
1～2	1	GTAW	H08A	φ2.5	正接	100～130	12～15	8～11	≤14.625	φ2.5～3.0	φ8～12	99.99	8～15		

【考核评价】

任务三　考核评价表

序号	考评项目	分值	考核办法	教师评价（60%）	组长评价（20%）	学生评价（20%）
1	学习态度	20	出勤率、听课态度、实训表现			
2	学习能力	10	回答问题、获取信息、制定及实施工作计划			
3	操作能力	50	1. 操作前准备(10分) 2. 操作程序(20分) 3. 手工钨极氩弧焊质量(10分) 4. 安全文明生产情况(10分)			
4	团队协作精神	20	小组内部合作情况、完成任务质量、速度等			
合计		100				
综合得分						

【思考与练习】

1. 简述手工钨极氩弧焊工作原理?
2. 焊枪主要由哪几部分组成?
3. 手工钨极氩弧焊的供气系统主要包括什么?
4. 手工钨极氩弧焊主要工艺参数有哪些?
5. 简述手工钨极氩弧焊主要操作步骤?

情境八

典型设备的制造与安装

任务一　固定管板换热器的制造与安装

【学习任务单】

<table>
<tr><td>学习领域</td><td colspan="2">压力容器的制造安装检测</td></tr>
<tr><td>学习情境八</td><td colspan="2">典型设备的制造与安装</td></tr>
<tr><td>学习任务一</td><td>固定管板换热器的制造与安装</td><td>课时:6 学时</td></tr>
<tr><td>学习目标</td><td colspan="2">1. 知识目标
(1)熟悉换热器的制作方法和工艺特点。
(2)熟悉换热器的安装过程。
2. 能力目标
能够初步编制换热器制造与安装工艺并能够完成一台换热器的制作、装配与安装。
3. 素质目标
(1)培养学生语言表达能力。
(2)培养学生团队协作意识和严谨求实的精神。
(3)培养学生良好的心理素质和解决问题的能力</td></tr>
<tr><td colspan="3">一、任务描述
工厂正在制作一台固定管板换热器,壳体已经加工完成,接下来的生产任务是要完成管板、折流板的加工,管束的制备、换热器的装配、换热器的安装。本任务是要完成一台换热器的制作、装配与安装,熟悉制作、装配与安装工艺。
二、相关材料及资源
1. 教材。
2. 仿真软件。
3. 生产现场。
4. 相关视频材料。
5. 教学课件。
三、任务实施说明
1. 学生分组,每小组 5～6 人。
2. 小组进行任务分析和资料学习。
3. 现场教学。
4. 小组讨论换热器制作、装配、安装的工艺流程。
5. 小组合作,完成换热器的制作、装配、安装生产过程。
6. 检查、评价。
四、任务实施要点
1. 管板、折流板的加工。
2. 换热管的制备。
3. 管子和管板的连接。
4. 换热管的装配。
5. 换热器的装配。
6. 换热器的安装</td></tr>
</table>

【相关知识】

如图 8-1 所示为列管式固定管板换热器的结构。其结构简单坚固、造价低、适应性强，在热交换器中具有一定的代表性。

由图 8-1 可以看出，壳体是内径为 800mm，壁厚为 8mm 的圆筒，它的两端分别焊有一块管板，两管板之间有管束与之连接，壳内还有定距管、拉杆、折流板等，壳体外焊有各种接管、支座，管板两侧有用双头螺柱与之连接的左右管箱。在列管式换热器的制造中，筒体、封头等零件的制造与一般容器没有区别，只是要求不同，制造中最为突出的问题是管板的制造及管板与管子的连接。

由于列管式换热器筒体内要装入较长的管束，为了防止流体短路，管束上还有折流板，折流板与筒体间隙较小，因此，换热器的筒体制造精度比一般容器要高。

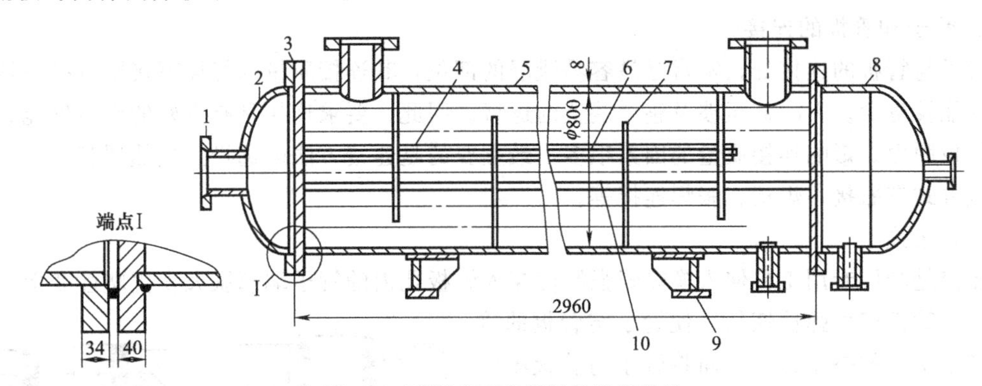

图 8-1　列管式固定管板换热器结构

1—接管；2—封头；3—管板；4—定距管；5—壳体；6—拉杆；7—折流板；8—管箱；9—支座；10—换热管

【相关技能】

一、固定管板换热器制造工艺

1. 管板的加工

管板的作用是固定管子，管板的材料一般采用 Q235-B、20＃钢等碳素钢和 16Mn、15MnV 等低合金材料钢，以及 1Cr18Ni9Ti、316L、304、321 等不锈钢制成，可以用锻件或热轧厚钢板等做坯料。管板为一圆形板，一般用整张钢板切割；但当尺寸较大而无法采用整张钢板切割时，可用几块拼接，不过拼接管板的焊缝要 100％射线或超声波检测，并应作消除应力热处理。

管板是典型的群孔结构，单孔的加工质量决定了管板的整体质量。管板由机械加工完成，加工工序主要有车削和钻削工序组成。它的孔径和孔间距都有公差要求。其钻孔量很大，钻孔可以用划线钻孔、钻模钻孔、多轴机床钻孔等，较为先进的是采用数控机床钻孔。采用划线钻孔时，由于钻孔位置精度较差，必须将整台换热器的管板和折流板重叠在一起配钻。钻后管板和折流板一次编上顺序号和方位号，以保证组装时按照钻孔时的顺序和方位排列，保证换热管能够顺利穿入。采用多孔钻床，效率高、质量较好。采用数控机床钻孔，具有效率高、质量好、适应性强的特点。

2. 折流板的加工

折流板应按整圆下料，钻孔后拆开再切成弓形。为了提高加工效率和加工精度，常将几块折流板（通常为8～10块）叠加在一起，边缘点焊固定进行钻孔和切削加工外圆。如图8-2所示为常用的弓形板结构。

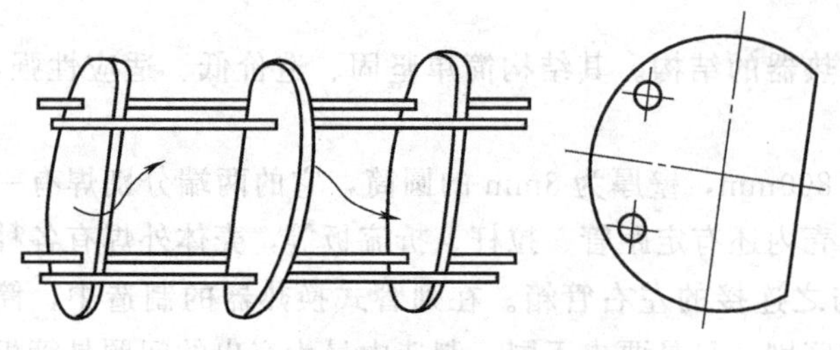

图 8-2 常用弓形板结构示意图

3. 换热管的制备

换热管的加工质量是保证换热管质量的重要因素之一，换热管加工应注意下列五方面的问题：准确的长度尺寸，可以保证管子与管板的连接结构需要；切割后，管端需要打磨光滑，以保证焊接质量；换热管在装配前应逐根打压检查；一般情况下，用整根管，当现有管材的长度无法满足需要时，可考虑焊接对接，但应进行100%无损检测

4. 管子和管板的连接

管子与管板的连接处，常常是最容易泄漏的部位，其连接质量的好坏直接影响换热器的使用性能及寿命。有时甚至涉及整个装置的运行。因此，要求连接具有良好的密封性能、足够的抗拉脱力。影响连接质量的因素很多，最主要的是连接方法的选择。换热器管子与管板的连接方式有胀接、焊接、胀焊连接等。

(1) 胀接

胀接是利用专用工具伸入换热管强制使穿入管板孔内的管子端部胀大发生塑性变形，载荷去除后管板产生弹性恢复，使管子与管板的接触面产生很大的挤压力，从而将管子与管板牢固结合在一起，达到既密封又抗拉脱力两个目的，如图8-3所示为胀管前后管径增大和受力情况。图8-4所示为斜柱式胀管器。主要由胀杆1、外壳2和三个锥形滚柱3三部分组成。

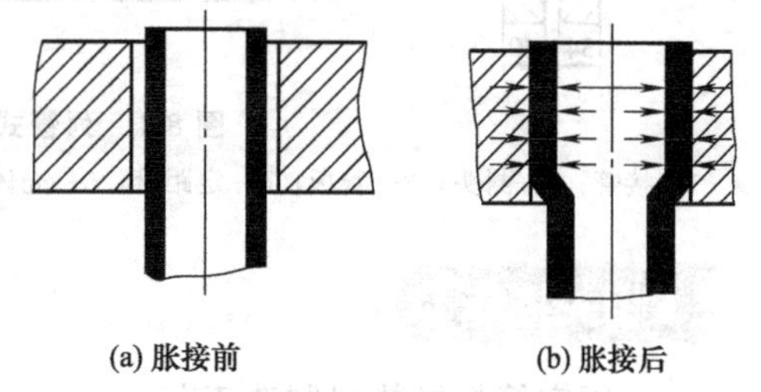

图 8-3 胀管前后管径增大和受力情况

为了增加管子在管板上的胀接强度，提高抗拉脱力，可以采用胀槽，也可以采用翻边胀管器，它在胀管的同时，将伸出管板孔外的管子端部，约3mm滚压成喇叭口，如图8-5所示，因而提高了抗拉脱力。为了保证胀接质量，胀接时应注意下列几点。

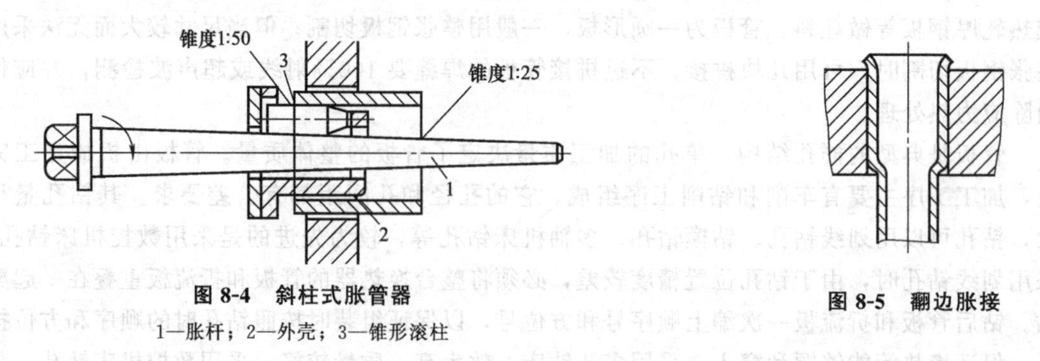

图 8-4 斜柱式胀管器

1—胀杆；2—外壳；3—锥形滚柱

图 8-5 翻边胀接

a. 胀管率应适当。胀管率又称胀紧度，它直接影响连接的拉脱力和密封性能，它与管子的材料和壁厚有关。管子直径大、壁薄，取小值；直径小、壁厚，取大值。在制造过程中，胀管率过小，称为欠胀，不能保证必要的连接强度和密封性；胀管率过大称为过胀，会

使管壁减薄太大，加工硬化严重，甚至发生裂纹。

b. 管板的硬度应高于管端的硬度。除在选材时保证外，还可在胀管前对管端200～250mm长度内进行退火处理，以降低管端的硬度而增强塑形，保证胀管时不产生裂纹。

c. 管子与管板结合面必须清洁。管板孔及管端不得有油污、铁锈，胀管前须将管端除锈，除锈长度不小于管板厚度的两倍。

d. 胀接时操作温度不应低于－10℃。因为气温过低可能会影响材料的力学性能，不能保证胀接质量，甚至发生冷裂纹。

胀接气密性不如焊接，但在材料焊接性差时不得不采用胀接。在高温下，管壁与管板之间的挤压力降低，引起胀接处泄漏，因而胀接法一般用于压力低于4MPa和温度低于300℃，以及操作中无剧烈振动，无过大温度变化和无严重应力腐蚀的条件。对于高温、高压以及易燃、易爆的流体，应采用焊接或胀焊并用的连接方法。

（2）焊接

焊接法就是把管子直接焊在管板上，如图8-6所示。焊接法的优点是：连接可靠，高温下仍能保持密封性；对管板孔加工要求低，可用较薄的管板，施工简便等。其缺点是：由于焊缝处于焊接应力而加剧局部腐蚀；管板孔与管壁之间存在一定的间隙，易造成间隙腐蚀；管子损坏以后，更换困难等。焊接法的结构形式如图8-7所示。

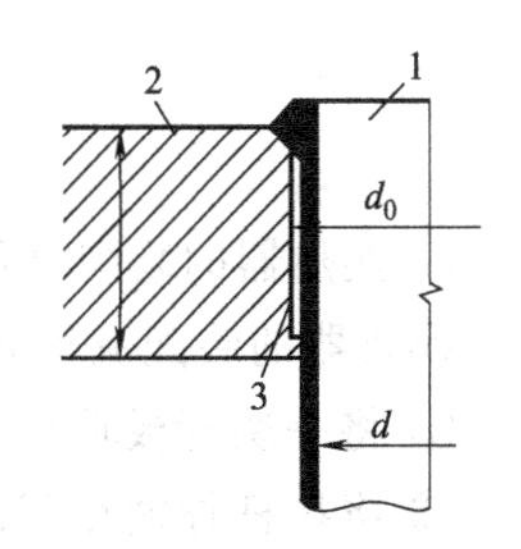

图8-6　管子与管板

1—管子；2—管板；3—间隙

图8-7（a）型的连接强度较差，多用于压力不高或薄管板的焊接；图8-7（b）型结构属于开坡口的焊接，连接强度较高，是最常用的一种结构形式；图8-7（c）型焊接接头由于管端不伸出管板面，可减少管口处的压力损失而多于立式换热器上；图8-7（d）型接头由于焊缝外圆开有缓冲槽而减少焊接应力，适用于薄壁、有热裂倾向的材料和有色金属的连接。

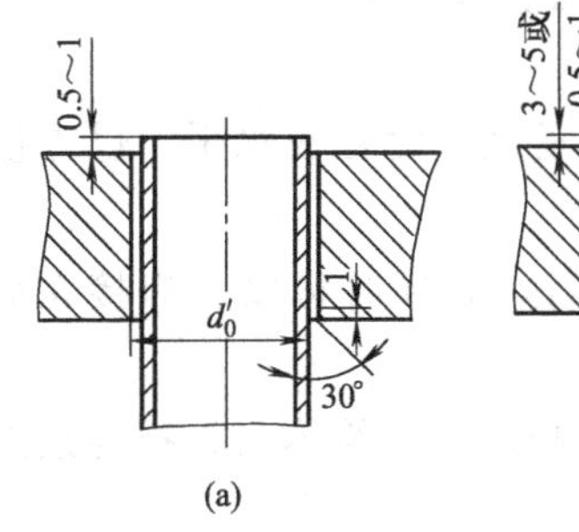

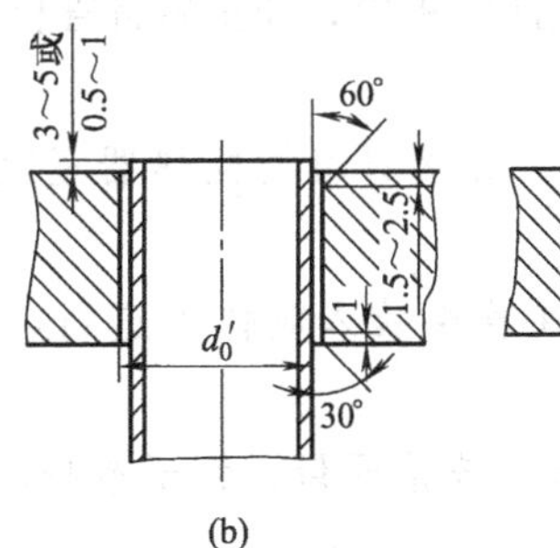

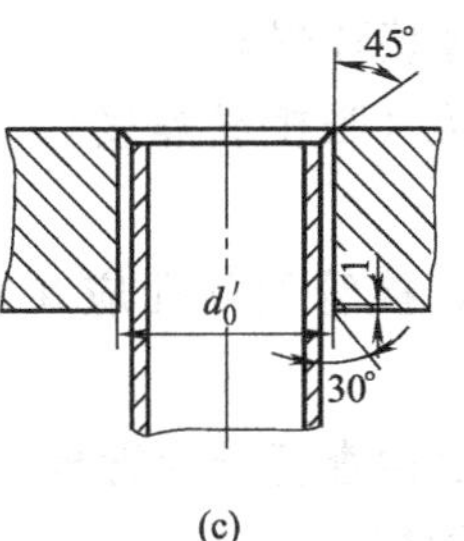

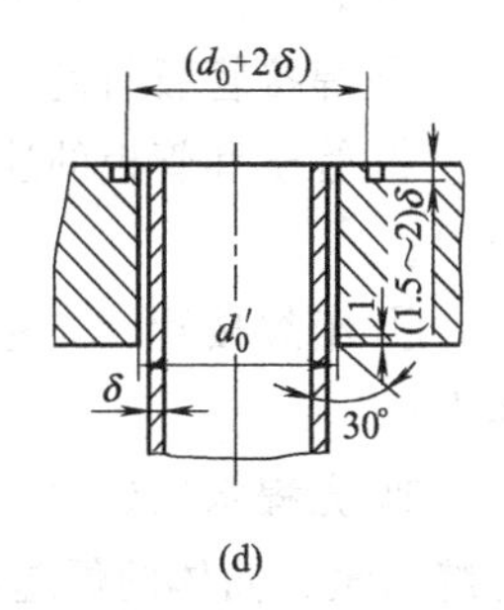

图8-7　管子与管板的焊接结构

（3）胀焊连接

这种连接方法综合了胀接及焊接的优点。无论在高温高压下，还是在低温、热疲劳以及抗缝隙腐蚀方面，都比单独的胀接或焊接优越得多。

根据胀接和焊接的顺序，胀焊并用连接有两种形式，即先焊后胀和先胀后焊。这种胀焊并用的连接方法操作方便，制造费用低，还可以提高管子与管板的连接强度。

5. 换热管的装配

换热管装配一般是将一端管板及各折流板用拉杆及定距管对正定位后放在专用的胎具上进行穿管，如图8-8所示。

拉杆是一根两端带有螺纹的长杆，其一端拧入管板，折流板就穿在拉杆上，用套在拉杆上的定距管来保持间距，最后一块折流板用螺母拧在拉杆上予以紧固。在管板和折流板孔中穿入全部换热管。穿管工作量大，劳动强度高。大型制造厂用穿管机穿管，不但可以减轻劳动强度，而且可大大提高穿管效率。

将上述部件装入筒体内，装上另一端管板，将全部管子引入此管板孔内，并把管板焊接在壳体上，最后用焊接或胀接等方法把管子两端固定在管板上。

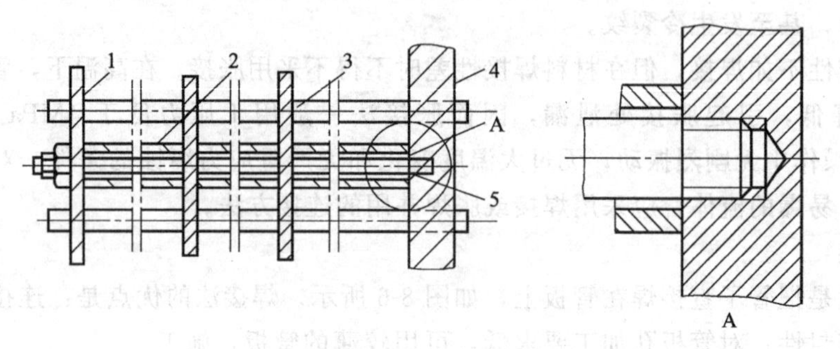

图 8-8　折流板的组装

1—折流板；2—定距管；3—管子；4—管板；5—拉杆

6. 换热器的装配过程

换热器的装配流程如下：

① 将一块管板垂直立稳作为基准零件；

② 将拉杆拧紧在管板上；

③ 按照装配图将定距管和折流板穿在拉杆上；

④ 穿入全部换热管；

⑤ 套入筒体；

⑥ 装上另一块管板，将全部管子引入此管板内，校正后将管板和筒体点焊好；

⑦ 焊接管板与筒体连接环焊缝；

⑧ 管子和管板的连接（胀接或焊接），焊接时可将换热器竖直，使管板水平，以方便施焊；

⑨ 组焊接管、支座，接管的开孔应在管束装入筒体前进行，必要时可以先焊接在筒体上；

⑩ 壳程水压试验，以检查管子和管板的连接质量、管子本身质量、筒体与管板连接的焊缝质量、筒体的焊缝质量等；

⑪ 装上两端封头；

⑫ 管程水压试验、检查管板与封头连接处的密封面，封头上的接管、焊缝质量；

⑬ 清理、油漆。

列管式固定管板换热器制造流程如图 8-9 所示。

二、换热器的安装

安装程序一般如下。

① 吊装准备。对大型换热器，因直径大换热管多，起吊质量大。因此，起吊捆绑部位应选在壳体支座有加强垫板处，并在壳体两侧设方木用于保护壳体，以免起吊时被钢丝绳压瘪变形。

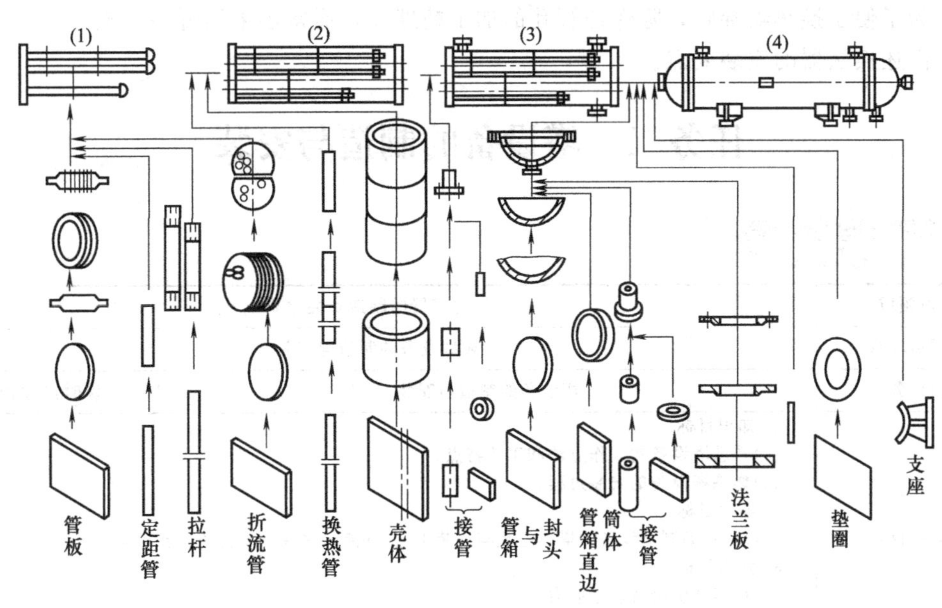

图 8-9　固定管板换热器制造流程简图

② 换热器基础上活动支座一侧应预埋滑板。设备找平以后，斜垫铁可和设备底座焊牢，但不得和下面的平垫铁或滑板焊死。垫铁必须光滑、平整，以确保活动支座自由伸缩。活动支座的地脚螺栓应装两个锁紧螺母，螺母与底板之间应留 1～3mm 的间隙，使底板能自由滑动。

③ 重叠式换热器安装时，重叠支座间的调整垫板应在压力试验合格后点焊于下面的换热器支座上，并在重叠支座和调整垫板的外侧标注永久性标记，以备现场组装对中。

④ 换热器安装后的标高、垂直度、中心位移应在允许范围内。

⑤ 换热器压力试验见相关材料，注意对不同类型换热器，其试验方法略有不同。

⑥ 附件安装。

【考核评价】

任务一　考核评价表

序号	考评项目	分值	考核办法	教师评价（60%）	组长评价（20%）	学生评价（20%）
1	学习态度	20	出勤率、听课态度、实训表现			
2	学习能力	10	回答问题、获取信息、制定及实施工作计划			
3	操作能力	50	1. 换热器的制造（20 分） 2. 换热器的安装（20 分） 3. 安全文明生产（10 分）			
4	团队协作精神	20	小组内部合作情况、完成任务质量、速度等			
合计		100				
综合得分						

【思考与练习】

1. 换热器的管子与管板有哪些连接方式？

2. 为了便于换热器穿管，除保证管孔的加工精度外，通常还采用哪些措施？

3. 简述换热器的安装要点。

任务二　塔设备的制造与安装

【学习任务单】

<table>
<tr><td>学习领域</td><td colspan="2">压力容器的制造安装检测</td></tr>
<tr><td>学习情境八</td><td colspan="2">典型设备的制造与安装</td></tr>
<tr><td>学习任务二</td><td>塔设备的制造与安装</td><td>课时:4 学时</td></tr>
<tr><td>学习目标</td><td colspan="2">1. 知识目标
(1)熟悉塔设备的制作方法和工艺特点。
(2)熟悉塔设备的安装过程。
2. 能力目标
能够初步编制塔设备的塔体组装与安装工艺,并能够完成塔设备的组装与安装。
3. 素质目标
(1)培养学生语言表达能力。
(2)培养学生团队协作意识和严谨求实的精神。
(3)培养学生良好的心理素质和解决问题的能力</td></tr>
<tr><td colspan="3">一、任务描述
在完成了一台塔设备的筒节制作等前期工作后,本任务是要完成塔体组装;塔体划线;塔的吊装和塔内件的安装。在本任务中,同学们要熟悉塔体的组装与安装工艺及设备的使用。
二、相关材料及资源
1. 教材。
2. 仿真软件。
3. 生产现场。
4. 相关视频材料。
5. 教学课件。
三、任务实施说明
1. 学生分组,每小组 5～6 人。
2. 小组进行任务分析和资料学习。
3. 现场教学。
4. 小组讨论塔设备的塔体组装与安装的工艺流程。
5. 小组合作,完成塔设备的塔体组装与安装生产过程。
6. 检查、评价。
四、任务实施要点
1. 必须从组装、焊接乃至吊装、运输等诸多方面综合考虑,认真讨论并制订塔器的制造安装工艺。
2. 严格控制塔体的垂直度、弯曲度。
3. 塔体的划线作业要注意基准线的选择。
4. 认真做好吊装前的准备工作。
5. 认真编制合理的吊装方案。
6. 塔内件的安装要满足标准要求</td></tr>
</table>

【相关知识】

塔设备是用来进行气相和液相传质的设备。与一般容器和热交换器除内部结构不同外，其长径比较大，绝大多数为直立设备。塔设备按系统内的两传质相间组分变化形式的不同，可分为按层级（即阶梯式）组分变化的板式塔及连续组分变化（亦称微分式）的填料塔两大类。

1. 板式塔

板式塔是在塔体内安装若干层塔板，以便于两传质相的层级分离（图 8-10）。在石油化工设备中，板式塔的塔板主要是泡罩、筛板和浮阀结构。目前所广泛使用的浮阀塔，就是一种高效率的筛板塔与用途广泛的泡罩塔相结合的新结构。为了支撑固定塔板以及溢流和抽取的需要，在板式塔的内壁上焊装有支撑圈、降液板和受液盘等部件。板式塔内各部件相对位置的尺寸及塔板水平度直接影响到塔的分离效果和收率，因此板式塔内件的制造和安装，也是塔器制造的主要内容。

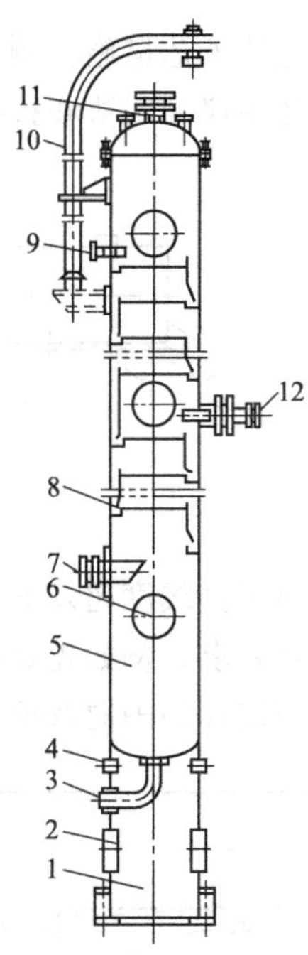

图 8-10　板式塔结构

1—群座；2—群座人孔；3—塔底液体出口；4—群座排气；5—塔体；6—人孔；7—蒸汽入口；8—塔盘；9—回流入口；10—吊柱；11—塔顶蒸汽出口；12—进料口

2. 填料塔

填料塔是内部堆积着一定高度填料层的塔器（图 8-11）。在石油化学工业中，填料塔虽然不及板式塔那样使用广泛，但在许多装置上都有应用。填料可分为两大类，一类是颗粒实体填料，另一类是规则的网状填料。填料目前多由专业生产企业制造。

一、塔设备的组装

由于塔设备一般均较长，(通常为 10～60m 以上)，所需筒节为十几节甚至几十节，因此必须从组装、焊接乃至吊装、运输等诸多方面考虑其制造的合理性和可靠性。就其组装而言，几十米长的塔体不可能一次完成，而分段组装却又存在累积误差和焊接变形问题，所以从筒体的分段及下料开始，直到压力试验和运输等，都必须作统筹权衡之后，才能制订塔器的制造工艺文件。

1. 工艺步骤

塔设备的组装和焊接工艺过程由下列几步组成：组装和焊接各段塔体；塔体组装；塔体划线；安装塔板零部件及其他要焊在壳体上的塔内件；组装塔下部封头及立式支座；检查塔内件的焊接情况后将内件与壳体焊接；在塔体上焊上接管、人孔、手孔和凸缘安装塔内的可拆零部件。如果是在安装现场进行最后组装，则塔体的组装工作在制造厂只进行一部分，经过检查修磨后涂漆，做好发运和现场组装准备。

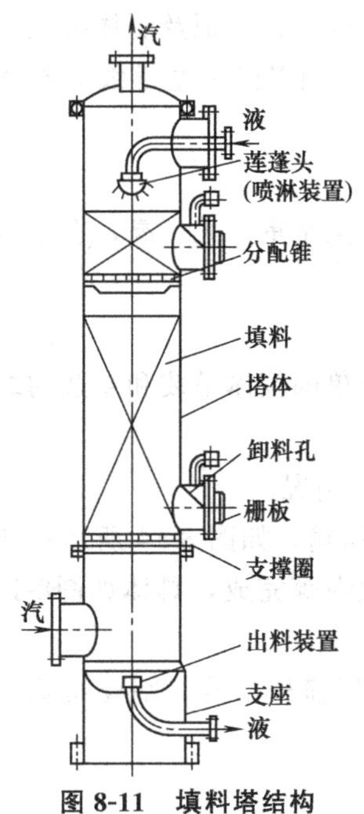

图 8-11　填料塔结构

2. 塔体的分段组装

塔体的各筒节都要按技术要求制造，焊接坡口应按图纸要求进行机械加工或磨修。首先按照塔体排版图，在环缝组焊滚胎上把筒节逐个依次点焊在一起，组对成塔段。进行塔段组对工作之前，先要校验滚胎各托辊的安装精度。利用激光器可达到±0.5mm 的调准精度，使 90m 长塔的母线弯曲度在 15mm 以内。塔段组焊工作与前述筒节组焊容器壳体的工作并无原则差别。但是由于塔在操作时处于直立位置，对于塔体的垂直度、弯曲度有一定的要求。

塔体在组装和焊接过程中，应注意经常测量检查，以便采取相应的工艺措施。测量直线度的可以采用激光测定法、经纬仪测定法和拉线测定法等方法。经纬仪测定法和拉线测定法是较为常用的方法。塔器筒体不直度的拉线测量如图 8-12 所示。

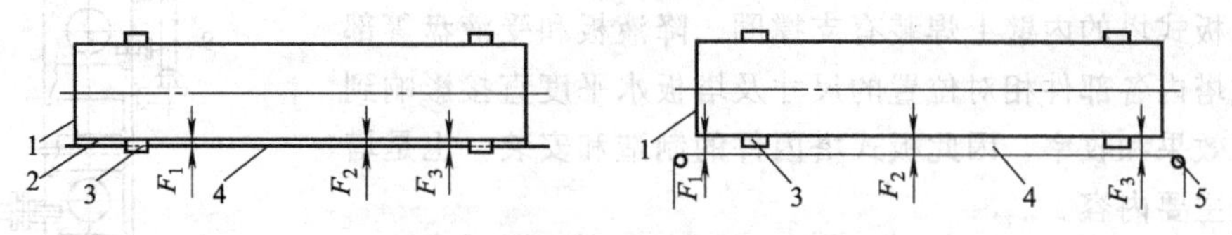

图 8-12 塔器筒体不直度的拉线测量

1—筒体；2—垫块；3—滚轮；4—钢丝；5—滑轮

对于直线度超差的筒体，若组装中已不便再行矫正，还可以利用焊接变形或焊缝的收缩来达到要求，例如先焊凸弯侧的环焊缝部分，再焊接其余环焊缝部分。若焊接后利用装焊人孔矫正筒体的轴向弯曲仍需要矫直时，也可通过安装人孔接管的办法，矫正筒体的轴向弯曲。如图 8-13 所示。

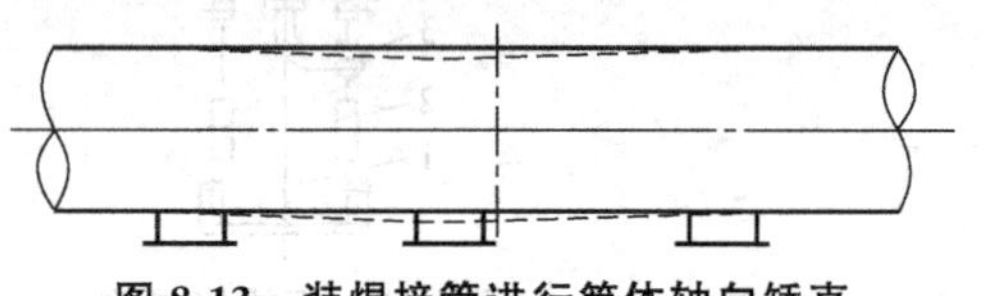

图 8-13 装焊接管进行筒体轴向矫直

3. 塔体的划线作业

划线是重要的工艺步骤，它对设备内部构件，人孔、手孔、接管、凸缘和其他零部件的组装精度有重大影响。划线方法有几种：用直线测量工具及线锤；用经纬仪和水平仪；用激光器进行光学划线。使用光学划线工艺能提高塔设备制造质量，节省繁重的划线工作量，据统计，平均一台塔节省 200 工时。

无论填料塔还是板式塔，是整体组装还是分段组装，其划线总是由下而上进行的。所有接管、塔板支撑圈及其他内件的高度位置线，都是以同一条基准线为依据的。该基准线往往设置在塔器的筒体与底封头连接的环焊缝的中心线上。当塔体为分段组装时，该基准线可分散移植到各段筒节距下端口适当距离（如 50～100mm）处，以作为分段测量的参照基准。内件和接管的方位则是以塔体圆周的四等分线来确定的。

塔器内件的划线是一项非常繁琐而精细的工作，为使塔盘水平度、板间距及总体装配尺寸的精度符合图样以及 JB 1205—2001《塔盘技术条件》的要求，必须以同一基准线为准划出每一层的安装位置线。

二、塔设备的安装

各种塔设备是炼油、化工生产装置中的关键设备之一。它的特点是重、大、高，有相当严格的安装技术要求，并有一些特殊的安装工艺。

1. 吊装前的准备工作

塔设备的就位一般要借助起重机具，具体的吊装也可以考虑简单的整体吊装和复杂的综合整体吊装。为做好吊装工作，必须做好以下的准备工作。

① 检查塔设备的基础，特别注意地脚螺栓的埋设和垫板的放置情况。

② 塔设备的二次运输与方位调整，一般情况下可以利用拖排运输，如图 8-14 所示；如管口方位有偏差，则应事先调整好，可借助千斤顶、滑轮组和钢丝绳等完成，具体如图8-15 所示。

③ 布置起重机具。如采用吊车吊装，要做好吊车站位；如采用桅杆吊装，则要布置好桅杆站位和卷扬机以及各个锚点位置。

④ 安装基础要铲麻面、放置垫板。

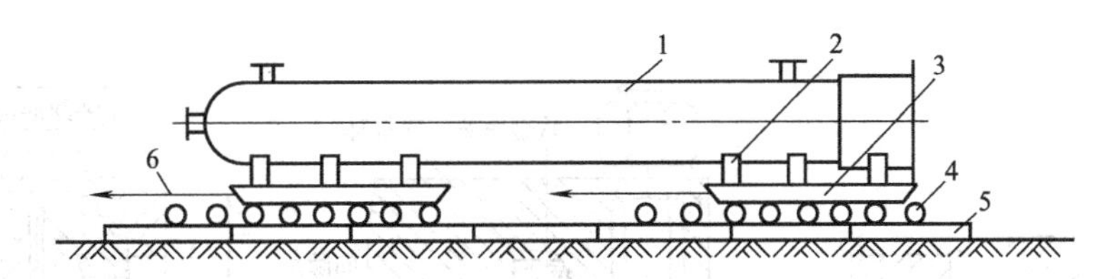

图 8-14　塔类设备的运输

1—塔体；2—垫木；3—托运架；4—滚杠；5—枕木；6—牵引索

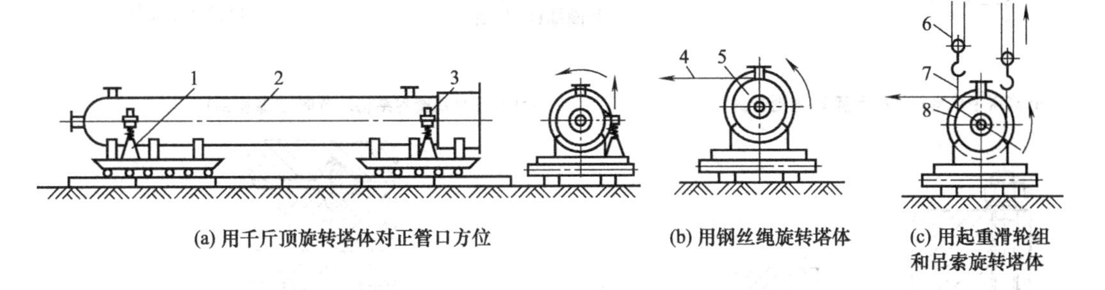

图 8-15　塔设备接管方位的调整

1—千斤顶；2—塔体；3—支脚；4—钢丝绳；5—塔体；6—起重滑轮组；7—吊索；8—塔体

2. 塔设备的吊装

塔设备的吊装应依照编制好的吊装方案进行。一般分为预起吊和正式吊装两个步骤，预起吊是从启动起升卷扬机到张紧钢丝绳的阶段，此时被吊装设备只是开始抬头，其目的是检查绳索与机具的受力情况，是否安全可靠；正式吊装过程中，主要是保证各个工位的动作要服从统一指挥、协调一致，以保证设备吊装平稳、安全稳定地就位到基础上。

3. 塔设备的就位、找正和固定

塔设备就位时，应在悬空状况下能对准地脚螺栓，如果有偏差，则应采取相应的措施。以误差很小的情况，可以直接用麻绳、借助起重机直接调整就位；对于误差较大的情况，可在基础上放置枕木，将设备先行就位到枕木上，再利用挂滑轮组移动设备，待全部地脚螺栓对齐后，再正式就位。

塔体的找正包括找标高和铅直度。标高检测主要是依据设备底座或者是有特殊要求的管口中心的标高来控制；找铅直可使用两台成 90°布置的经纬仪（或事先设备的吊线）来进行，再借助调整垫板调整。最后，便可按照地脚螺栓的拧紧要求，依次拧紧固定。

4. 塔内件的安装

(1) 板式塔

板式塔内件主要有：塔盘（包括附件）、支撑圈、定位拉杆、密封组件（图 8-16）等。

内件安装：首先要检查塔盘及其附件的质量、规格和位号，然后自下而上地逐一安装，并保证其塔盘间距、可靠性、强度、密封性能等。

主要检查项目如下。

① 塔盘水平度。一般可用水深探尺测量，方法可参见图 8-17 所示。具体要求是：

D(塔径)$\leqslant$1600mm，$\delta\leqslant$3/1000；

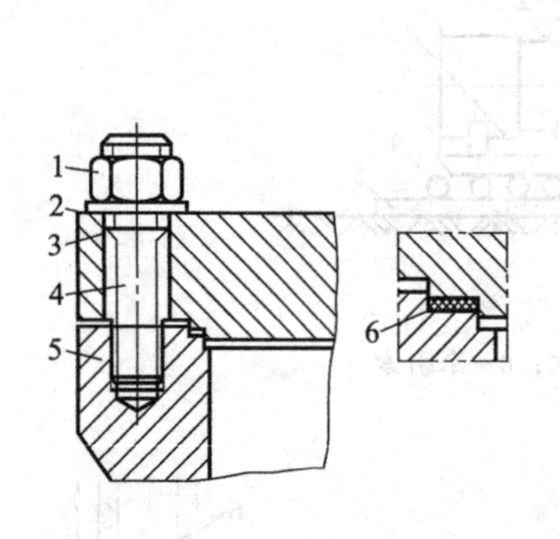

(a) 高压平垫密封结构示意图(强制密封)

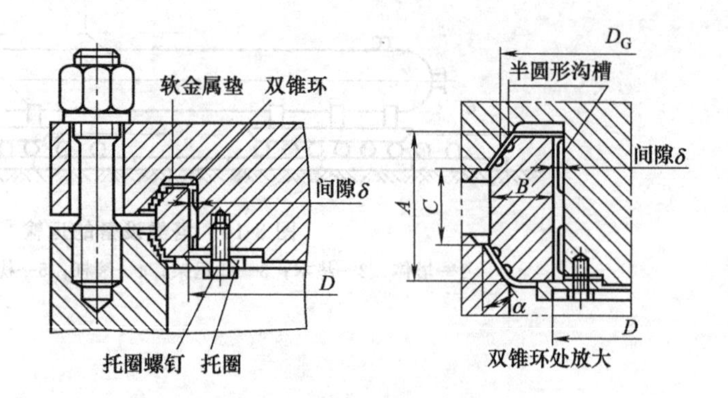

(b) 高压平垫密封结构示意图(自紧密封)

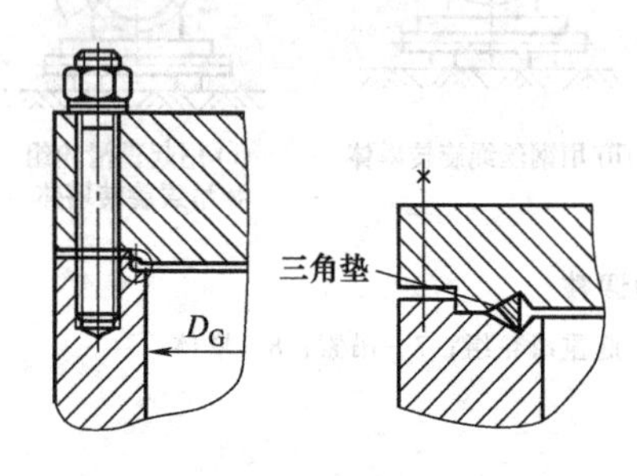

(c) 组合式密封结构示意图(自紧密封)

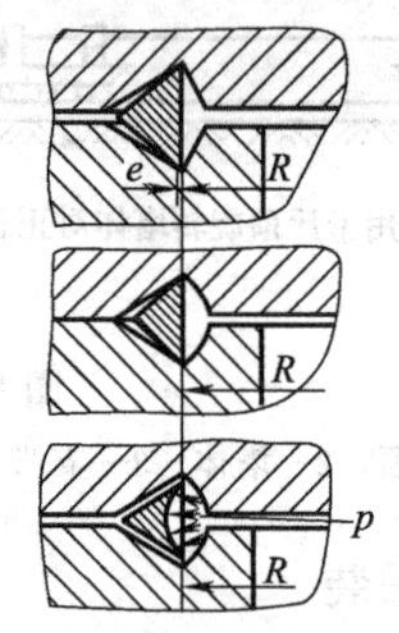

(d) 三角垫密封结构示意图(自紧密封)

图 8-16 密封组件

1—主螺母；2—垫片；3—平盖；4—主螺栓；5—筒体端部；6—平垫片

$D=1600\sim3200$mm，$\delta\leqslant4/1000$；

$D>3200$mm，$\delta\leqslant5/1000$。

② 溢流堰高度（又称液封高度）。可采取塔盘水平度测量同样的方法。

③ 塔盘间距。可利用拉杆加套定位套筒的方法解决。

④ 鼓泡性能。采用塔盘上注水、下方通入压缩空气，检验浮阀（或泡罩）的升降灵活程度和鼓泡性能。

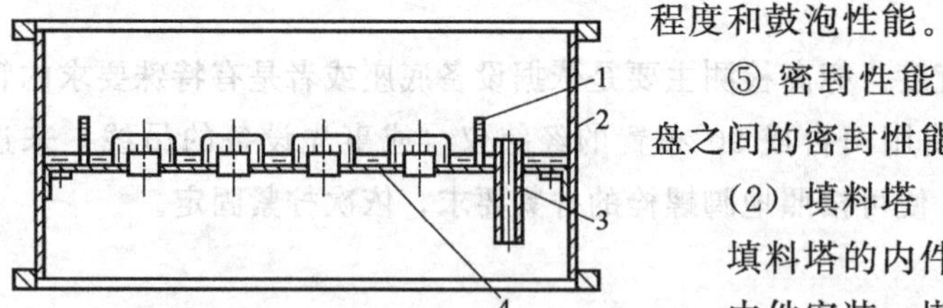

图 8-17 塔盘水平度检测

1—水深探尺；2—塔圈；3—溢流管；4—塔板

⑤ 密封性能。主要是通过注水试验，检查塔盘之间的密封性能，防止漏液。

(2) 填料塔

填料塔的内件主要是塔盘和填料。

内件安装：塔盘安装方法和板式塔相同，填料安装可采用下列方法。

湿法：亦即填料在安装时，先向塔盘上灌水，再将填料小心倒入。适用于填料堆放高度大的高塔，或者是填料本身是易碎的陶瓷材料，或者是填料数量很大，难以整齐排列的情况。

干法：干法则是直接倒入。适用于填料堆放高度小的塔，或者是填料本身是不易弄碎的材料，或者是在实验室里需要整齐排列填料的情况。

【考核评价】

任务二　考核评价表

序号	考评项目	分值	考核办法	教师评价（60%）	组长评价（20%）	学生评价（20%）
1	学习态度	20	出勤率、听课态度、实训表现			
2	学习能力	10	回答问题、获取信息、制定及实施工作计划			
3	操作能力	50	1. 塔设备的组装（20分） 2. 塔设备的安装（20分） 3. 安全文明生产情况（10分）			
4	团队协作精神	20	小组内部合作情况、完成任务质量、速度等			
合计		100				
综合得分						

【思考与练习】

1. 板式塔有哪些内件，如何保证内件的安装精度？
2. 与筒形容器相比，塔设备的制造安装有什么特点？
3. 简述圆筒不直度的拉线检测方法。

情境九

压力容器的质量检验

压力容器制造的质量检验贯穿于整个设备的制造过程。包括原材料的质量检验、各工序质量检验以及设备的整体检验。原材料的验收是保证制造质量的前提，工序质量是保证制造质量的关键。整体质量除作形状尺寸检测外，一般只作致密性试验以及强度试验。

压力容器制造单位都建立了从原材料到制造过程以及最终水压试验的一系列检验制度，并设有专门的检验机构和人员负责。设备检验一方面是为了保证设备达到设计参数和使用性能（如热交换器的密封连接、折流板与壳体间的间隙以及传质构件的精度、压力容器的结构强度等必须符合有关规定的要求），另一方面，是为了保证制造过程的顺利进行以及使用的安全可靠性。

一、质量检验的内容和方法

设备制造过程中的检验，包括原材料的检验、工序间检验及压力试验等。具体内容如下。

① 原材料和设备零件尺寸和几何形状的检验。

② 原材料和焊缝化学成分分析、力学性能试验、金相组织检查，总称为破坏性试验。

③ 原材料和焊缝内部缺陷的检验。其检验方法是无损检测（又称无损探伤），包括射线检测（射线探伤，RT）、超声波检测（超声波探伤，UT）、磁粉检测（磁粉探伤，MT）、渗透检测（渗透探伤，PT）等。

④ 设备试压，包括水压试验、气压试验、气密试验等。

上述这些项目，对于某一设备而言，并不一定要求全部进行。压力容器制造中，焊缝检验是最重要的项目，而无损检测则是检测焊缝中存在缺陷的主要手段，它甚至贯穿于整个设备的制造过程。

二、质量检验标准与基本要求

在设备制造中，绝对地无任何缺陷的要求是不可能实现的。例如焊接，因其是一个非常复杂的、快速和局部的冶金过程，故影响焊接质量的因素很多，即使是经验丰富的焊工，在认真执行焊接规范的情况下施焊，也难免会产生这样或那样的焊接缺陷。特别是大型设备，在较为苛刻的条件下现场组焊，焊接的不完善性更是很难避免的。另一方面，对于某一缺陷，可能在某些设计使用条件下是无害的，在另一种设计使用条件下，却又是有害的。因此，从不同的角度和要求出发，可以制定出不同的允许缺陷的标准。

在规范设计中，为了对允许缺陷有一个统一的规定，则把所有的焊接缺陷都看成是削弱容器强度的安全隐患。且并不考虑具体使用的差别，而单从制造和规范化的情况出发，将焊接缺陷尽可能地降低到一个能满足安全要求的最低限度。例如焊缝的质量控制标准应符合GB 3323《金属熔化焊焊接接头射线照相》及GB 11345《钢焊缝手工超声波探伤方法和探伤结果分级》等的规定。目前我国制定的压力容器法规、标准或技术条件较多，除国家质量监督检验检疫总局颁布的《固定式压力容器安全技术监察规程》外，主要标准还有钢铁材料标准（如 GB 713）和产品制造检验标准（如 GB 150、GB 151），以及其他有关的零部件标准（NB/T 47008）等，已经形成了以强制性标准为核心的压力容器标准体系。

三、无损检测

压力容器的无损检测（又称无损探伤）方法包括射线检测（射线探伤，RT）、超声波检测（超声波探伤，UT）、磁粉检测（磁粉探伤，MT）、渗透检测（渗透探伤，PT）和电磁检测（电磁探伤）等。

压力容器制造单位或者无损检测机构应当根据设计图样要求和 JB/T 4730 的规定制定压力容器的无损检测工艺。

1. 无损检测方法和选择

① 压力容器的对接接头应当采用射线检测或者超声波检测，超声波检测包括衍射时差超声波检测（TOFD）、可记录的脉冲反射法超声波检测和不可记录的脉冲反射法超声波检测；当采用不可记录的脉冲反射法超声波检测时，应当采用射线检测或者衍射时差法超声波检测作为附加局部检测；

② 有色金属制压力容器对接接头应当优先采用 X 射线检测；

③ 焊接接头的表面裂纹应当优先采用表面无损检测；

④ 铁磁性材料制压力容器焊接接头的表面检测应当优先采用磁性检测。

无损探伤是检验压力容器焊接缺陷的有效方法，最常用的探伤方法有射线探伤、超声波探伤、磁粉探伤和渗透探伤等几种。由于各种探伤方法所能探测到的缺陷形状及深度各不相同，因此，要行之有效地发现所测缺陷，就必须根据缺陷特征选择最适宜的无损探伤方法。表 9-1 所列为几种无损探伤法对焊缝不同特征缺陷探伤能力的比较。

表 9-1　各种探伤方法的能力比较

缺陷形状		平面（裂纹、未焊透）	球状（气孔）	圆柱形（夹渣）	线状（表面缺陷）	圆形（表面缺陷）
探伤种类	射线探伤(RT)	△或※	○	○		
	超声波探伤(UT)	○	△	△		
	磁粉探伤(MT)				○	△或※
	渗透探伤(PT)				○或△	○

注：○为最适宜，△为良好，※为较困难。

当然上述方法也不是绝对的，例如超声波探伤对于发现单个气孔的灵敏度虽然不高，但对密集气孔的灵敏度却较高，因此必须根据不同情况选择最适宜的探伤方法。

2. 法规对无损检测的要求

压力容器对焊缝的无损检测要求可分为全部（即 100%）和局部（即不低于 20%）两种类型。

压力容器设备的检测要求，主要与材料的种类、板厚大小、试压方式、介质性质和容器类别等有关。GB 150 标准中规定，对压力容器的焊接接头，经形状及外观检查合格后，再进行无损检测。对其 A 类和 B 类焊接接头进行全部射线或超声波检测进行了规定，如设计压力大于或者等于 1.6MPa 的第三类压力容器、采用气压试验的压力容器、焊接接头系数取 1.0 的压力容器等须进行 A 类和 B 类焊接接头全部射线或超声波检测。不要求进行全部无损检测的压力容器，其每条 A、B 类对接接头要求采用局部无损检测，但是必须包括 A、B 类焊缝交叉部位及将其他元件覆盖的焊缝部分，另如果在检测部位发现超标缺陷时，应当在该缺陷两端的延伸部位各进行不少于250mm补充检测，如果仍然存在不允许的缺陷，则对该焊接接头进行全部检测。

进行局部无损检测的压力容器，制造单位也应当对未检测部分的质量负责。

3. 无损检测的实施时机

① 压力容器的焊接接头应当经过形状、尺寸及外观检查，合格后再进行无损检测；

② 拼接封头应当在成形后进行无损检测，如果成形前已经进行无损检测，则成形后还应当对圆弧过渡区到直边段再进行无损检测；

③ 有延迟裂纹倾向的材料应当至少在焊接完成24h后进行无损检测，有再热裂纹倾向的材料，应当在热处理后增加一次无损检测；

④ 标准抗拉强度下限值大于或者等于540MPa的低合金钢制压力容器，在耐压试验后，还应当对焊接接头进行表面无损检测。

4. 无损检测人员要求

无损检测人员应当按照相关技术规范进行考核取得相应资格证书后，方能承担与资格证书的种类和技术等级相应的无损检测工作。

任务一　压力容器的射线检验

【学习任务单】

<table>
<tr><td>学习领域</td><td colspan="2">压力容器的制造安装检测</td></tr>
<tr><td>学习情境九</td><td colspan="2">压力容器的质量检验</td></tr>
<tr><td>学习任务一</td><td>压力容器的射线检验</td><td>课时:4学时</td></tr>
<tr><td>学习目标</td><td colspan="2">1. 知识目标
(1)了解压力容器焊缝射线检测设备。
(2)了解压力容器焊缝射线检测质量评定。
(3)熟悉压力容器焊缝射线检测工艺及防护措施。
2. 能力目标
能够正确使用焊缝射线检测设备,对质量评定有初步认识。
3. 素质目标
(1)培养学生焊缝射线检测操作能力及初步的质量评定能力。
(2)培养学生生产防护意识。
(3)培养学生工作责任心</td></tr>
<tr><td colspan="3">一、任务描述
压力容器制造焊缝质量主要是通过无损检测来评定其质量,射线检测是最常用的方法之一,在对压力容器焊接质量外检合格后,要提出无损检测委托单,对其内部质量进行检验,本项目的学习任务是熟悉射线检测的相关理论,掌握射线检验的相关作业要求,了解评片相关知识与要求。
二、相关材料及资源
1. 教材。
2. 压力容器样品。
3. 射线探伤检测设备。
4. 相关视频材料。
5. 教学课件。
三、任务实施说明
1. 学生分组,每小组5～6人。
2. 小组进行射线探伤前工艺操作学习。
3. 现场教学。
4. 小组讨论,落实工艺措施。
5. 小组合作,模拟完成焊缝射线探伤作业。
6. 检查、评价。</td></tr>
</table>

四、任务实施要点。
1. 设置安全警示灯和警示标志，隔离闲杂人等。
2. 选定射线探伤工艺，选胶片、增感屏、焦距、电流及曝光时间等。
3. 装胶片及安装标识铅字、透度计。
4. 在指定位置贴胶片。
5. 安放射线探伤机头，注意机头与焊缝距离。
6. 按设计曝光条件进行曝光。
7. 在暗室对胶片进行处理，显影、冲洗、定影及干燥。
8. 在观片灯下对底片进行缺陷识别与评级

射线检测是利用射线能够穿透可见光不能穿透的物质，在穿透物质过程中有一定的衰减，并可以使照相底片感光，使某些荧光物质发光的特性进行探伤的。这些射线虽然不会像可见光那样凭肉眼就能直接察知，但可以用特殊的接收器来接收。

图 9-1　便携式 X 射线探伤机

【相关知识】

X 射线探伤机主要由机头、高压发生装置、供电及控制系统、冷却防护设施四部分组成。X 射线发生器应该说是一个组合式配件，分别由 X 射线管、高压变压器和绝缘气体一起封装在桶状铝壳内。可分为携带式，移动式两类，移动式 X 射线探伤机用在透照室内的射线探伤，它具有较高的管电压和管电流，管电压可达 450kV，管电流可达 20mA，最大透照厚度约 100mmm，它的高压发生装置、冷却装置与 X 射线探伤机机头都分别独立安装，X 射线机头通过高压电缆与高压发生装置连接。机头可通过带有轮子的支架在小范围内移动，也可固定在支架上。便携式 X 射线探伤机（图 9-1）主要用于现场射线照相，管电压一般小于 320kV，最大透照厚度约 50mm。其高压发生装置和射线管在一起组成机头，通过低压电缆与控制箱连接。目前，在工业上主要有射线照相法、射线实时检测法和射线计算机断层扫描技术。在压力容器制造中使用的一般是射线照相法。

一、射线检测（RT）基本原理

射线检测是利用射线可穿透物质和在物质中有衰减的特性来发现缺陷的一种检测方法。检测所使用的射线种类不同，射线检测可分为 X 射线检测、γ 射线检测和高能射线检测三种，这些射线都具有使照相底片感光的能力。

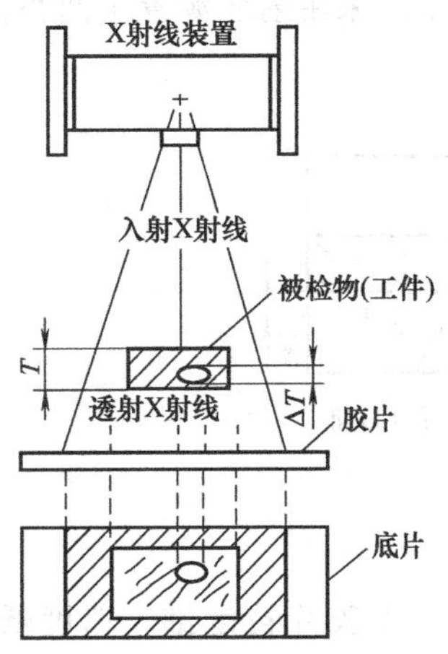

图 9-2　X 射线探伤法原理

利用射线检测时，将装有 X 射线发生器的 X 射线装置置于被测工件的一侧；装有照相胶片的暗盒置于工件的另一侧。若被检工件内存在缺陷，缺陷与工件材料不同，其对射线的衰减程度不同，且透过厚度不同，透过后的射线强度则不同，如图 9-2 所示。工件愈厚或构成元素的原子序数愈大，射线愈不易透过。反之，对于空气或由低原子序数物质所构成的工件内部缺陷，如焊缝中的夹渣、气孔或裂纹，射线则较易透过。在工件下面放置的 X 射线胶片，则有缺陷处由于透过的射线强度较大而使胶片感光较多，经显影后就能显出黑度较周围更为深的缺陷图像。从中可辨认出焊缝的轮廓、缺陷的形状和大小。

目前工业中应用的主要是X射线和γ射线检测。γ射线的波长较X射线短，其穿透力强，适用于厚工件的检测，但灵敏度较低，且对人体的危害较大。X射线检测应用最广，但其穿透力较小，大多检测仪器的检测厚度均在100mm以内。由于其显示缺陷的方法不同，每种射线检测又分有电离法、荧光屏观察法、照相法和工业电视法。

二、射线检测的特点

射线检测结果有直接的记录——底片，可以长期保存，可以获得直观的图像，定性准确，对体积性缺陷检出率高，适宜检测厚度较薄的工件，适宜检测对接焊缝，检验角焊缝效果较差，不适宜检验板材、棒材、锻件等。对于缺陷在厚度方向的位置、尺寸等确定比较困难，检测成本高、速度慢，且对人体有伤害。

三、技术措施

1. 灵敏度与像质计

射线照相检验的灵敏度反映检验质量高低，是指显示最小缺陷的程度。分为绝对灵敏度和相对灵敏度。绝对灵敏度是指在X射线底片上能发现的沿透照方向上的最小缺陷尺寸；对薄工件可发现小缺陷，但对厚工件能发现相对大一点的缺陷，因此它不能真实反映透照质量高低。相对灵敏度是以能够发现的最小缺陷尺寸与透照方向上工件厚度之比，一般所说的检测灵敏度都是指相对灵敏度。

实际操作中，没有办法确定缺陷的实际尺寸，而采用线型像质计（又称透度计）来衡量灵敏度高低。

像质计是用来定量评价射线底片影像质量的工具，用与被检工件相同材料制成，有金属丝型、槽型和平板孔型三种。标准规定，压力容器焊缝检测用金属线型像质计。线型像质计是一套七根不同直径的金属丝平行排列于两块橡皮板间，如图9-3所示。

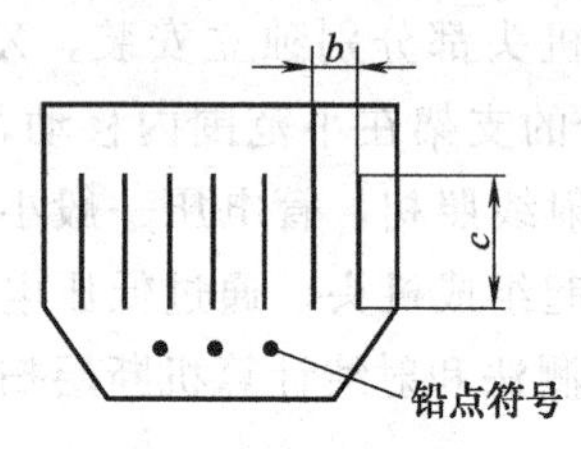

图9-3 金属线型像质计

JB/T 4730.2规定按照透照厚度和像质计所需要达到的像质指数，选用R10系列的像质计；用像质指数作为使用像质计透照技术和胶片处理质量的数值，等于底片上能识别出最细钢丝的编号。线型像质计应放在射线源一侧的工件表面上被检焊缝区的一端（被检区长度的1/4部位)。钢丝应横跨焊缝并与焊缝方向垂直，细钢丝置于外侧。当射线源一侧无法放置像质计时，也可放在胶片一侧的工件表面上，但应进行对比试验，使实际像质指数达到规定的要求。像质计和识别系统的布置如图9-4所示。采用射线源置于圆心位置的周向曝光技术时，像质计应放在内壁，每隔90°放一个。

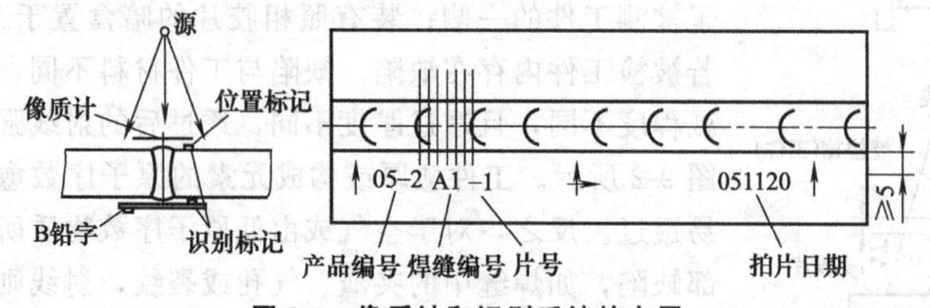

图9-4 像质计和识别系统的布置

2. 胶片与增感屏

胶片按GB/T 19384.1分为四类即T1、T2、T3和T4类。T1胶片粒度细、速度低、反差高，为最高类别；T4类胶片粒度粗、速度快、反差低，为最低类别。因此，如需缩短曝光时间则用号数大的胶片；如需提高射线透照的胶片质量，则用号数小的胶片。A 级和 AB 级射线检测技术应采用 T3 类或更高类别的胶片，B 级射线检测技术应采用 T2 类或更高类别的胶片。胶片的本底灰雾度应不大于 0.3。

曝光后的胶片经显影、定影等暗室处理后，得到具有不同黑化程度（即黑度）影像称为底片。在观片灯前观察，若照射到底片上的光强度为 H_0，透过底片后的光强度为 H（均不是射线强度），则 H_0/H 的常用对数定义为底片的黑度 D。一般把在射线底片上产生一定黑度所需的曝光量的倒数定义为感光度。胶片的感光度越高，底片的清晰度越低。未经曝光的胶片显影后也会有一定的黑度，此黑度称为灰雾度。灰雾度小于 0.2 时对底片影像的影响不大，灰雾度过大则会影响对比度和清晰度，降低灵敏度。

X 射线照相用的两面乳剂胶片对波长较长的射线较敏感，对 X 射线的能量吸收很少，当 X 射线管电压为 100kV 时，只能吸收 1%左右的能量，因此胶片感光慢，需要曝光时间长。为了增加胶片对射线能量的吸收，亦即增加胶片的感光速度，缩短曝光时间，一般可采用增感屏。

增感屏置于底片（胶片）的前面或后面，如图 9-5 所示，增感屏有金属箔增感屏和荧光增感屏两类。后者增感能力显著高于前者，但由于荧光扩散等会降低成像质量，易造成细小裂纹等缺陷漏检，故焊缝检测一般不采用。而金属箔增感屏有吸收散射线的作用，可以减小散射引起的灰雾度，故可提高感光速度和底片成像质量。锅炉压力容器焊缝检测应采用金属箔增感屏，而不用荧光增感屏。

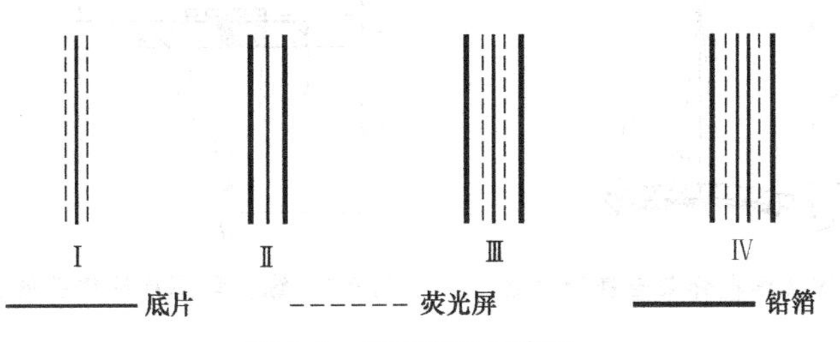

图 9-5　增感方式示意图

【相关技能】

在射线检测之前，对接焊接接头的表面应经外观检测并合格。表面的不规则状态在底片上的影像不得掩盖或干扰缺陷影像，否则应对表面作适当修整。

一、射线检测工艺

射线照相时一般将射线探伤机放在离设备需检部位 0.5～1m 处，按射线透照厚度为最小的方向放置，将胶片盒紧贴在工件背面，用 X 射线对胶片曝光，曝光后的胶片在暗室里显影、定影、水洗和干燥。再将干燥的底片放在亮度较高的观片灯上观察，根据底片的黑度和图像判断缺陷和种类、大小和数量，最后按标准进行等级分类。射线照相探伤的步骤如下。

1. 底片工件标记

在工件和暗盒上作标记，工件表面应做出永久性标记，尤其对焊缝，以便必要时作为每张底片重新评定的依据。永久性标志常用打钢印的方法。为了准确地对探伤部位进行质量判定，照相底片上也应留有一定的标志，底片上的标志有两种：一是定位标记，包括表明透照部位中心标记（⊹）和较长焊缝透照时两张片子重叠部位的搭接标记（↑）；另一是识别标志，包括能表明透照的工件编号、焊缝编号和部位编号、透照日期，同时也应包括焊工代号，返修透照部位还应有返修标记 R1、R2……（数字指返修次数）。各种标志均用铅质字符或数字构成。

2. 透照方式的选择

应根据工件特点和技术条件的要求选择适宜的透照方式。在可以实施的情况下应选用单壁透照方式，在单壁透照不能实施时才允许采用双壁透照方式。典型的透照方式如下（JB/T 4730.2—2005）。

① 纵、环焊焊接接头。放射源在外单壁透照方式，如图 9-6 所示。

② 纵、环焊焊接接头。放射源在内单壁透照方式，如图 9-7 所示。

③ 纵、环焊焊接接头。放射源在中心周向透照方式，如图 9-8 所示。

④ 环向焊接接头。射线源在外双壁单影透照方式，如图 9-9 所示。

⑤ 纵向焊接接头。射线源在外双壁单影透照方式，如图 9-10 所示。

⑥ 环向焊接接头。双壁双影透照方式，如图 9-11 所示。透照时射线束中心一般应垂直指向透照区中心，需要时也可选用有利于发现缺陷的方向透照。

3. 摄影距离的选择

射线源与工件表面间距离愈大，照相底片的清晰度愈高，但摄影距离大，工件受到的射线强度会显著降低使灵敏度下降。摄影距离的确定取决于工件透照厚度和射线源焦点尺寸。

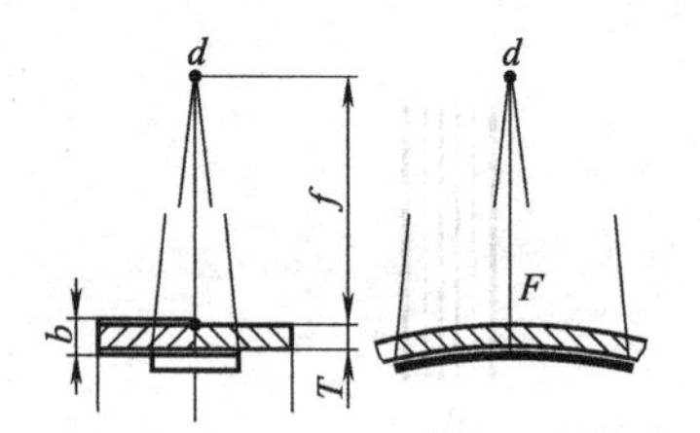

图 9-6 纵、环焊焊接接头源在外单壁透照方式

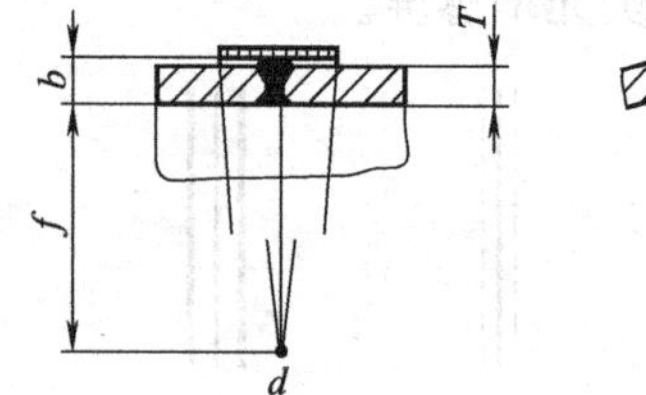

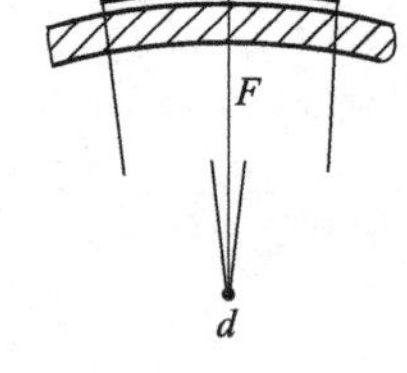

图 9-7 纵、环焊焊接接头源在内单壁透照方式

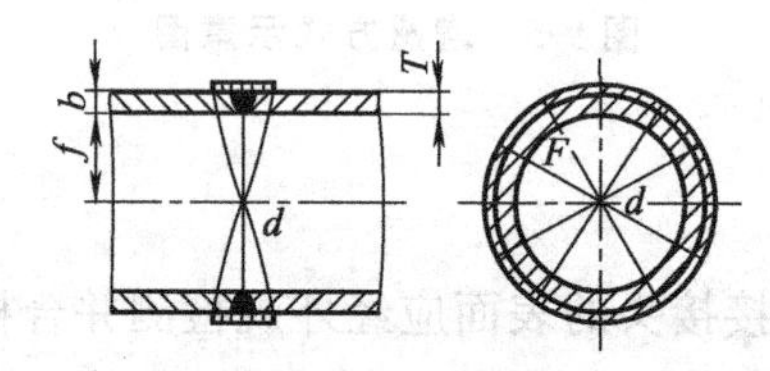

图 9-8 纵、环焊焊接接头源在中心周向透照方式

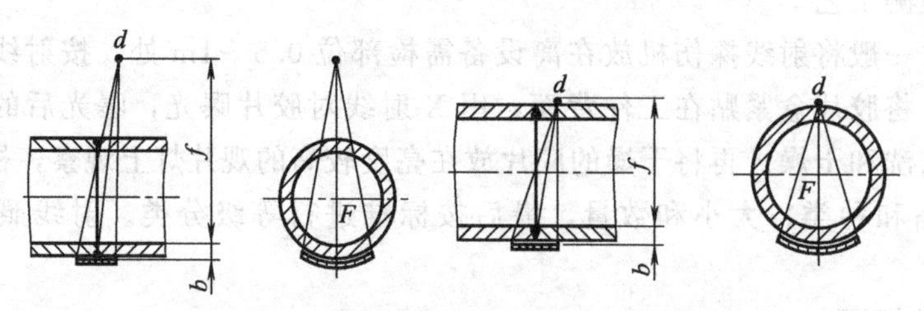

图 9-9 环向焊接接头源在外双壁单影透照方式

JB 4730.2—2005 规定用诺莫图确定焦点至工件的距离（L_1），并提出了诺莫图及工件表面至胶片距离（L_2）与最小 L_1/d 值的关系图（d 为射线源有效焦点尺寸）。可通过 X 射线管辐射角改变射线的有效焦点尺寸。

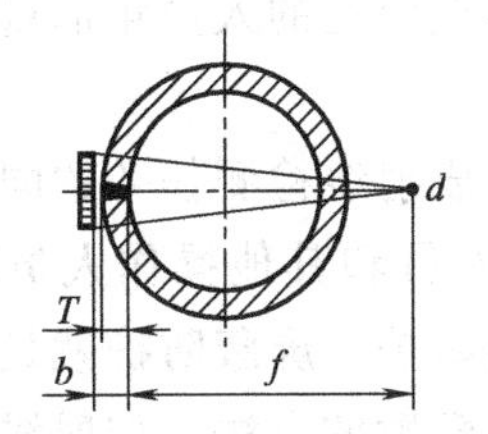

图 9-10　纵向焊接接头源在外双壁单影透照方式

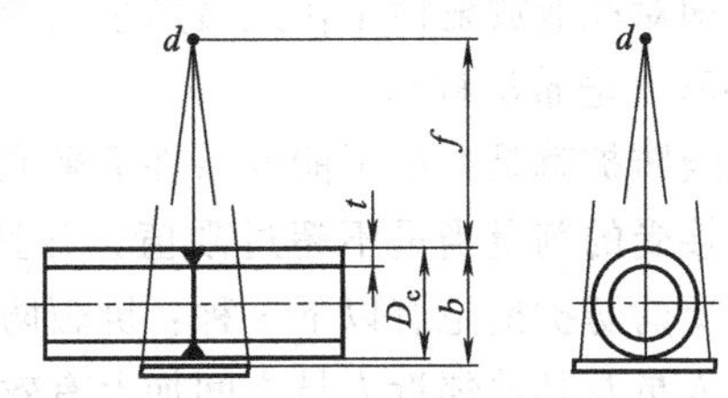

图 9-11　环向焊接接头双壁双影透照方式

4. 射线能量的选择

射线能量愈高，则穿透力愈强。X 射线能量的控制是通过调节射线管上的管电压来实现的，管电压高，射线波长短，能量大，射线能量的选择取决于透照工件厚度及材料种类，有时也根据设备条件而定。通常情况下，随着射线能量的减低，透照图像的对比度增强，因此，在保证能够穿透工件的前提下，应尽量采用较低的射线能量。透照不同厚度材料时允许使用的最高 X 射线管电压如图 9-12 所示。

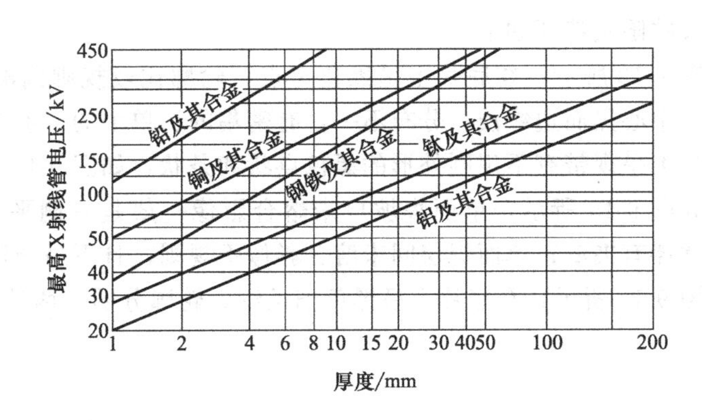

图 9-12　透照不同厚度材料时允许使用的最高 X 射线管电压

5. 曝光及胶片的暗室处理

要获得高质量的底片，选择适当的曝光工艺参数（管电压、管电流、曝光时间等）十分重要。曝光工艺参数一般根据工件厚度来决定。但底片质量除了与曝光工艺参数有关外，还与设备性能、胶片类别、增感方式、暗室处理等多项因素有关。这些繁多的因素全部作为被选择的参数是不可能的，因此通常在一定的机型、胶片型号、增感方式、透照焦距、被透照工件的材质，暗室处理条件（显影液、定影液，显影、定影的温度和时间）下，讨论工件厚度、管电压与曝光量之间的关系，生产中常常利用与被透照工件材质相同的材料制成阶梯状试块制作工件厚度、管电压、曝光量三者之间的关系曲线，称作曝光曲线，根据该曲线确定曝光规范。胶片曝光后在暗室经过显影、冲洗、定影、水洗和干燥后得到具有影像的底片。显影、定影要精确控制时间和温度，显影定影后要经过充分的水洗和洗涤剂处理，以保证底片可长期保存而不发黄和防止产生水迹。底片的干燥可自然干燥，也可在干燥箱内烘干。

6. 安全防护

射线具有生产效应，超辐射剂量可能引起放射性损伤，破坏人体的正常组织出现病理反应。射线具有积累作用，超辐射剂量照射是致癌因素之一，并且可能殃及下一代，造成婴儿畸形和发育不全等。由于射线具有危害性，所以在射线照相中，防护是很重要的。

我国对职业放射性工作人员剂量当量限值做了规定：从事放射性的人员年剂量当量限值为 50mSv（毫希沃特）。

射线防护就是在尽可能的条件下采取各种措施，在保证完成射线检测任务的同时，使操作人员接受的剂量当量不超过限值，并且应尽可能降低操作人员和其他操作人员的吸收剂量。主要的防护措施有以下 3 种：屏蔽防护、距离防护和时间防护。屏蔽防护就是在射线源与操作人员及其他邻近人员之间加上有效合理的屏蔽物来降低辐射的方法。如射线检测机体衬铅。距离防护是用增大射线源距离的办法防止射线伤害的防护方法。因为射线强度 P 与距离 R 的平方成反比。时间防护就是减少操作人员与射线接触的时间，以减少射线损伤的防护方法。

二、缺陷评级及报告

在透照底片在暗室进行处理与干燥后，要由专业评片人员在专业的评片室内，在观片灯下对其质量进行评级，并出具射线探伤报告。

1. 缺陷识别

常见的焊接接头缺陷及特征如下。

（1）气孔　如图 9-13 所示，在底片上呈黑色斑点，轮廓比较规则圆滑，一般是圆形或近似圆形和椭圆形。中心黑而边缘浅，分布不一，有密集的、单个的，也有成串的。

（2）夹渣　底片上呈现带有不规则外形的黑色点状和条状，如图 9-14 所示。

（3）未熔合　如图 9-15 所示，单面焊坡口未熔合影像一般是一侧平直另一侧有弯曲，黑度淡而均匀，时常伴有夹渣；单面焊层间未溶合影像不规则，且不易分辨。

（4）裂纹　如图 9-16 所示，在底片上呈黑色细条纹，轮廓分明，两端尖细，中间稍粗，弯曲状。

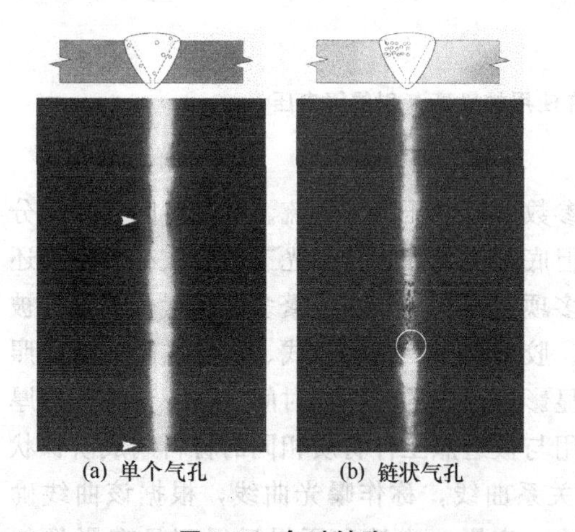
(a) 单个气孔　(b) 链状气孔

图 9-13　气孔缺陷

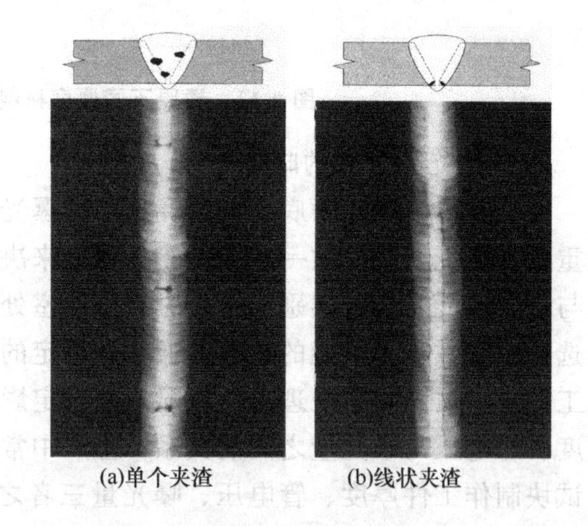
(a)单个夹渣　(b)线状夹渣

图 9-14　夹渣缺陷

2. 质量分级

根据 JB/T 4730《承压设备无损检测》及 GB 3323《钢熔化焊对接接头射线照相和质量分级》中关于钢制压力容器对接焊缝透照缺陷等级评定的内容，并根据缺陷的性质和数量，焊缝透照质量分为四级，见表 9-2，其中Ⅰ级焊缝质量最高，依次下降，Ⅳ级最差。另外，关于钢管环缝等内容的射线透照缺陷等级评定参见 JB/T 4730 等相关标准。

在对透照底片进行缺陷识别与质量评级后，应向委托方出具射线检测报告。

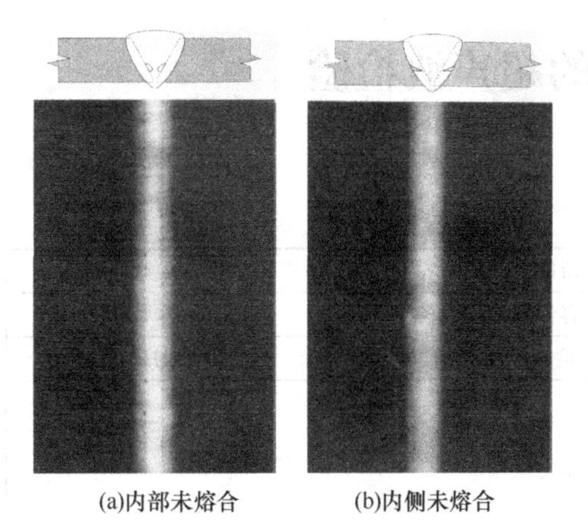

图 9-15　未熔合缺陷

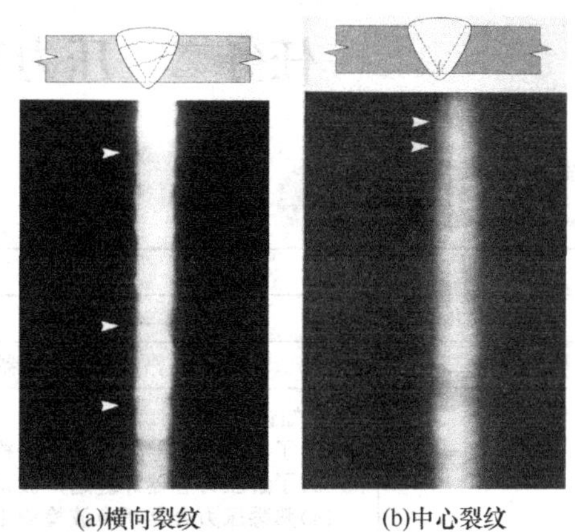

图 9-16　裂纹缺陷

表 9-2　焊缝透照质量分级

焊缝级别	要求内容
Ⅰ级	Ⅰ级焊缝内部不得有裂纹、未熔合、未焊透和条状夹渣
Ⅱ级	Ⅱ级焊缝内部不得有裂纹、未熔合和未焊透
Ⅲ级	Ⅲ级焊缝内部不得有裂纹、未熔合以及双面焊或相当于双面焊的全焊透对接焊缝加垫板单面焊中的未焊透
Ⅳ级	缺陷超过Ⅲ级为Ⅳ级

【考核评价】

任务一　考核评价表

序号	考评项目	分值	考核办法	教师评价(60%)	组长评价(20%)	学生评价(20%)
1	学习态度	20	出勤率、听课态度、实训表现			
2	学习能力	10	回答问题、获取信息、制定及实施工作计划			
3	操作能力	50	1. 射线前准备(10分) 2. 射线检测操作(10分) 3. 安全防护(10分) 4. 射线底片质量(10分) 5. 安全文明生产情况(10分)			
4	团队协作精神	20	小组内部合作情况、完成任务质量、速度等			
合计		100				
综合得分						

【思考与练习】

1. 有哪些情况进行全部检测？哪些情况进行局部无损检测？
2. 简述射线检测的工作原理？
3. 说明像质计和增感屏的作用是什么？
4. 简述射线检测工艺过程？
5. 射线检测透照法对焊缝质量如何进行分级？

任务二　压力容器的超声波检验

【学习任务单】

<table>
<tr><td>学习领域</td><td colspan="2">压力容器的制造安装检测</td></tr>
<tr><td>学习情境九</td><td colspan="2">压力容器的质量检验</td></tr>
<tr><td>学习任务二</td><td>压力容器的超声波检验</td><td>课时:6 学时</td></tr>
<tr><td>学习目标</td><td colspan="2">1. 知识目标
(1)了解压力容器焊超声波线检测设备。
(2)了解压力容器焊缝超声波检测质量评定。
(4)熟悉压力容器超声波检测工艺。
2. 能力目标
能够正确使用焊缝超声波检测设备,对质量评定有初步认识。
3. 素质目标
(1)培养学生焊缝超声波检测操作能力及初步的质量评定能力。
(2)培养学生生产质量意识。
(3)培养学生工作责任心</td></tr>
<tr><td colspan="3">一、任务描述
压力容器制造焊缝质量主要是通过无损检测来评定其质量,超声波检测也是最常用方法之一,首先要对外观质量进行检查与检测,符合要求后方可进行超声波的检测,在进行超声波检测前须对表面进行打磨处理,本项目的学习任务是熟悉超声波检测的相关理论,掌握相关超声波检测的操作规程,了解相关评级要求。
二、相关材料及资源
1. 教材。
2. 压力容器样品。
3. 超声波探伤检测设备。
4. 相关视频材料。
5. 教学课件。
三、任务实施说明
1. 学生分组,每小组 5～6 人。
2. 小组进行超声波探伤前工艺操作学习。
3. 现场教学。
4. 小组讨论,落实工艺措施。
5. 小组合作,模拟完成超声波探伤作业。
6. 检查、评价。
四、任务实施要点
1. 对焊缝表面的污物进行清洁,并涂上耦合剂。
2. 接通超声波探伤仪的电源,装上斜探头,调水平旋钮,使始波前沿与荧光屏上的刻度 0 对齐。
3. 利用试块测量前沿长度及 K 值。
4. 把探头对准焊缝一侧,并移动探头,注意不要把探头移到焊缝上。
5. 观察反射波,并对缺陷进行识别。
6. 对焊缝另一侧进行检测,并观察反射波</td></tr>
</table>

超声波也是一种在一定介质中传播的机械振动，它的频率很高，超过了人耳膜所能觉察出来的最高频率（20000Hz），故称为超声波。超声波检测使用的仪器为超声波探伤仪，图 9-17 所示为数字超声波探伤仪。超声波检测的方法很多，但目前用得最多的是脉冲反射法，在显示超声信号方面，目前用得最多而且较为成熟的是 A 型显示。下面主要叙述 A 型显示脉冲超声波检测法。

【相关知识】

一、超声波检测（UT）原理

超声波在介质中传播时，当从一种介质传到另一种介质时，在界面处发生反射与折射。

超声波几乎完全不能通过空气与固体的界面，即当超声波由固体传向空气时，在界面上几乎百分之百被反射回来。如金属中有气孔、裂纹、分层等缺陷，因这些缺陷内有空气等在，所以超声波到这缺陷边缘时就全部反射回来，超声波检测就是根据这个原理实现的。如图9-18所示。

图 9-17　数字超声波探伤仪

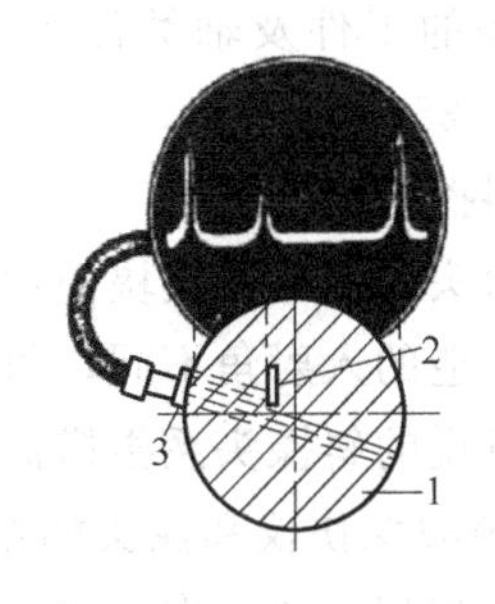

图 9-18　超声波检测示意图

1—工件；2—缺陷；3—探头

由于超声波在气体中衰减大，为减少超声波在探头与工件表面间的衰减损失，检测表面要有一定光洁度，并在探头与工件表面之间加耦合剂（如机油、变压器油、水玻璃等），以排除空气，减少能量损失，使超声波顺利通过分界面进入工件内部。

如果探头尺寸一定，超声波的频率越高，波长就越短，声束就越集中，即指向性越好，对检测越有利（灵敏度高），易于发现微小缺陷。常用的超声波频率带为 2.5～5MHz。

二、超声波检测的特点

与射线检测相比，超声波检测具有灵敏度高、探测速度快、成本低、操作方便、检测厚度大、对人体和环境无伤害，特别对裂纹、未熔合等危险性缺陷检测灵敏度高等优点。但也存在评定不直观、定性定量与操作者的水平和经验有关、存档困难等缺点。在检测中常与射线检测配合使用，提高检测结果的可靠性。超声波检测主要用于对锻件、焊缝和型材的检测。

三、超声波探伤使用的主要设备及用品

在超声波检测时，主要使用的设备及用品是超声波探伤仪、探头、耦合剂、试块等。

1. 超声波探伤仪

超声波探伤仪是超声波检测中的关键主体设备，它的功能是产生电振荡并加在换能器——探头上，使之产生超声波，同时又可以将探头接收的返回信号放大处理，以脉冲波、图像显示在荧光屏上，以便进一步分析判断被检对象的具体情况。常用脉冲反射式超声波探伤仪有 A 型探伤仪，以脉冲波形显示在荧光屏上，横坐标代表声波的传播时间（或距离），纵坐标代表反射波幅度。目前应用于金属材料超声波探伤的仪器基本上都是 A 型显示脉冲反射式探仪。

2. 探头

探头是与超声波探伤仪配合产生超声波和接收反射回信号的重要部件，也即是将电能转换成超声波能（机械能）和将超声波能转换为电能的一种换能器。在实际检测中，常用的探头有直探头［见图 9-19（a)］、斜探头［见图 9-19（b)］等。

(1) 直探头

波束垂直于被检工件表面入射到工件内部传播，探头用于发射和接收纵波，可用单探头反射法，也可用双探头穿透法。

直探头常用于检测钢板、锻件等上下两表面平等的工件及轴类件等，检测板厚范围为 20～250mm。

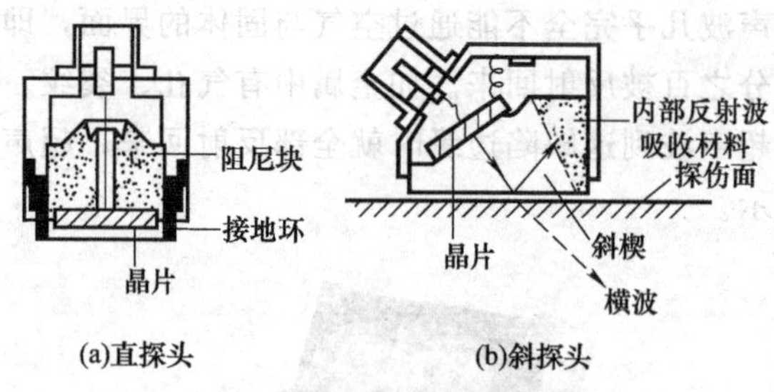

图 9-19 超声波检测用探头

(2) 斜探头

利用探头内的透声楔块使声束倾斜于工件表面射入到工件内部的探头称为斜探头。根据探头设计制造的入射角不同，可在工件中产生纵波、横波和表面波，也可以在薄板中产生板波，通常所说的斜探头系指横波斜探头。

3. 超声波探伤仪和探头的系统性能

当探头与超声波探伤仪在一起配合进行检测工作时，对它们所组成的系统性能也要给予考虑并提出要求，以满足实际检测需要。

(1) 灵敏度余量

在 A 型超声波检测仪检测系统中，以一定脉冲波形表示的标准缺陷检测灵敏度与最大检测灵敏度之间的差值称为灵敏度余量，用分贝 dB 数值表示。标准缺陷不同，对灵敏度余量要求也不同。以 $\phi3\times40$ 的横孔为标准缺陷，GB 11345 中规定系统的有效灵敏度必须大于评定灵敏度 10dB 以上。

(2) 分辨力

超声波检测系统能够把声程不同的两个邻近缺陷在示波荧光屏上作为两回波区别出来的能力称为分辨力。

GB 11345 规定：直探头远场分辨力不小于 30dB；斜探头远场分辨率不小于 6dB。

(3) 始脉冲宽度

超声波探伤仪与直探头组合的始脉冲宽度，对于频率为 5MHz 的探头，其占宽不得大于 10mm；对于频率为 2.5MHz 的探头，其占宽不得大于 15mm。

4. 耦合剂

当探头与被检工件表面直接接触时，即采用直接接触检测时，必须选用合适的耦合剂以

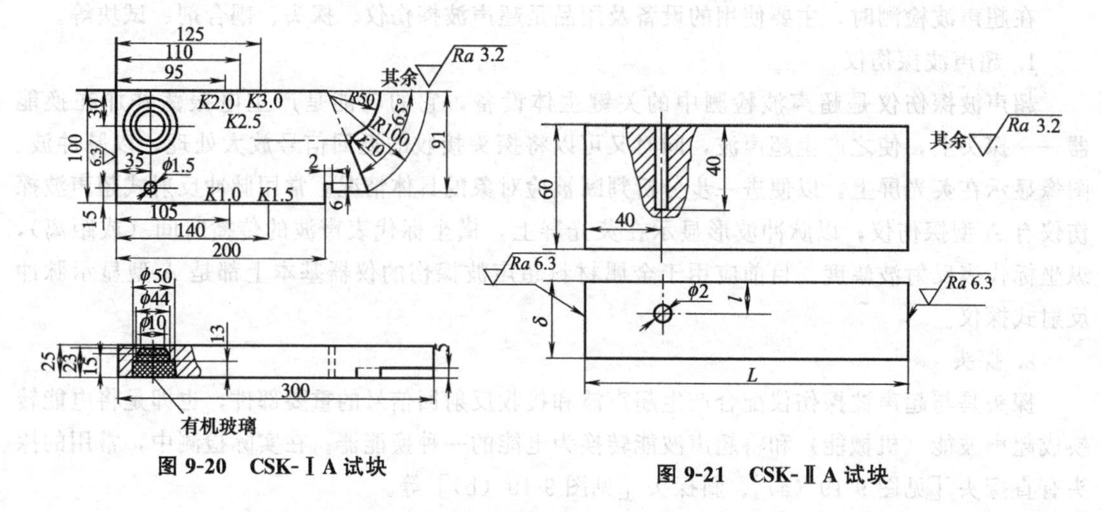

图 9-20 CSK-ⅠA 试块

图 9-21 CSK-ⅡA 试块

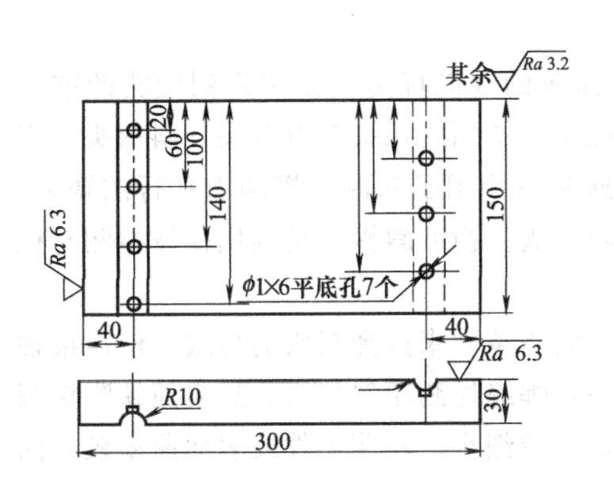

图 9-22　CSK-ⅢA 试块

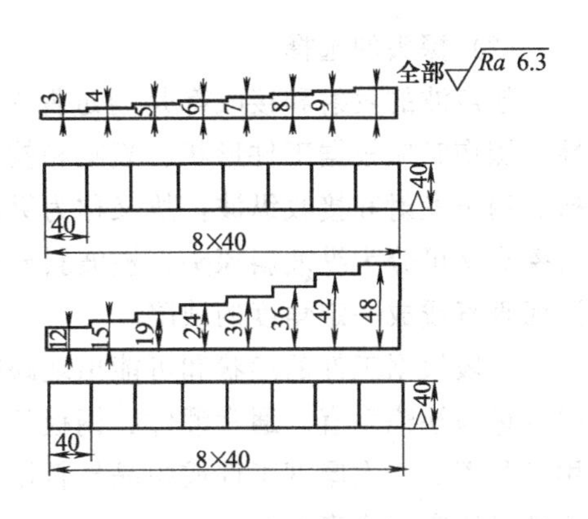

图 9-23　标准试块

减少声能的损失，同时也能提高探头的使用寿命。在选择耦合剂时要注意不要对工件、探头及操作者构成损伤、腐蚀等影响。

常用的有机油、糨糊、甘油和水等透声性好的耦合剂。

5. 试块

当采用超声波进行检测或测量时，为校验超声波探伤仪、探头等设备的综合系统性能，统一检测操作灵敏度，使用评价缺陷的位置、大小、性质等尽量达到一致要求，使最后对被检工件的评级、判废等工作有共同衡量标准，在超声波被测之前按不同用途设计并制造出的各种形状简单的人工反射体，统称为试块。随着超声波检测工作的不断发展，国际焊接学会对试块的材质、形状、尺寸及表面状态都作了具体统一的规定，并已经在许多国家使用，成为国际范围内的标准，这一类试块常称为标准试块。标准试块基本上可分为校验标准试块和对比标准试块。

压力容器焊缝检测标准试块在 JB/T 4730 中有所推荐。CSK-ⅠA 试块（见图 9-20）为推荐用于焊缝超声波探伤试块，以校验为主。CSK-ⅡA 试块（见图 9-21）为推荐用于压力容器焊缝的横波探伤试块，以对比为主。CSK-ⅢA 试块（见图 9-22）为推荐用于压力容器焊缝的横波探伤试块，用途与 CSK-ⅡA 相同。同时，JB/T 4730 也为压力容器钢板超声推荐了标准试块（见图 9-23）。

【相关技能】

在进行超声波探伤之前，被探伤工件表面必须加工净化，并涂上一层耦合剂。

一、超声波检测工艺

1. 准备工作

准备工作一般指探伤仪器、探头、耦合和扫描方式的确定，实际工作中一般根据工件的结构形状、加工工艺和技术要求来选择探测条件。正确选择探测条件对有效发现缺陷、准确进行缺陷定位、定量、定性至关重要。

（1）探伤仪的选择

探伤仪种类繁多，性能各异，探伤前应根据场地、工件大小、结构特点、检验要求及相关标准，从水平线性、垂直线性、衰减、灵敏度、分辨力、盲区大小、抗干扰等方面合理选择。目前，检测中广泛使用的超声波探伤仪，如 CTS-22、CTS-26、JTS-1、CTS-3、CTS-7 等均为 A 型显示脉冲反射单通道超声波探伤仪。

(2) 探头的选择

超声波的发射和接收都是通过探头来实现的，探头的性能优劣直接关系到检测的准确性，探伤时应根据工件形状、衰减和技术要求选择探头。常用的探头有直探头和斜探头。直探头用于发射和接收纵波，故又称为纵波探头。直探头主要用于探测与探测面平行的缺陷。斜探头又可分为纵波斜探头，横波斜探头和表面波斜探头。横波斜探头是利用横波检测与探测面垂直或成一定角度的缺陷。

一般根据工件的形状和可能出现缺陷的部位、方向等条件来选择探头的形式，使声束轴线尽量与缺陷垂直。通常锻件、钢板的探测用直探头，焊缝探测用斜探头，近表面缺陷探测用双晶探头，大厚度工件或粗晶材料用大直径探头，晶粒细小、较薄工件或表面曲率较大的工件检测宜用小直径探头。

(3) 试块的选择

试块应选择按一定用途设计制作的具有简单几何形状的人工缺陷反射体的试块。

焊缝的超声波检测一般采用的标准试块为CSK-ⅠA，CSK-ⅡA和CSK-ⅢA。适用于壁厚为8～120mm焊接接头的检测。在满足检测灵敏度要求时，也可采用其他形式的等效试块。

检测曲面工件时，如受检面曲率半径R小于或等于$W^2/4$（W为探头接触面宽度，环缝检测时为探头宽度，纵缝检测时为探头长度）时，应采用与检测面曲率相同或相近的对比试块，反射孔的位置可参照标准试块确定。

(4) 检测面的确定

检测面一般按母材公称厚度T而定：T小于或等于46mm时为焊缝的单面双侧，T大于46mm时为双面双侧。如受几何条件限制，也可在对接接头的双面单侧或单面双侧采用两种K值探头进行检测。

检测区的宽度应是焊缝本身和焊缝两侧各相当于母材厚度30%的一段区域，这个区域最小为5mm，最大为10mm。

探头移动区应清除焊接飞溅、铁屑、油垢及其他杂质。检测表面应平整，便于探头的扫查。其表面粗糙度Ra应小于或等于6.3μm，一般应进行打磨。如果表面有咬边、较大隆起凹陷等也应进行适当的修磨，并作圆滑过渡以免影响检测结果的评定。

焊缝两侧探伤面的修整宽度一般大于等于$2KT+50$mm（K为探头K值，T为工件厚度）。

(5) 探头K值（声束折射角）和频率

常用的横波斜探头，其入射角不同，在工件内产生的折射角也不同。在实际检测时，经常用K值来表示斜探头的折射角，$K=\tan\beta$（β为折射角）。K值为1.0，1.5，2.0，2.5，3.0。折射角的校对值与公称值偏差应不超过2°，K值的偏差不应超过±0.1。一般推荐使用的K值为：板厚为8～25mm，K值为3.0～2.0；板厚为25～46mm，K值为2.5～1.5；板厚为46～120mm，K值为2.0～1.0。探头频率一般为2～2.5MHz。

(6) 耦合剂的选择

耦合剂应有较高声阻抗，对人体无害、对工件无腐蚀、易于清洗等。可用的耦合剂有机油、变压器油、甘油、糨糊、水及水玻璃等，生产中多采用机油、糨糊和甘油。

2. 扫描速度和灵敏度的调节

调节扫描速度是在试块或工件上接收反射波并调节其在示波屏上时基扫描线（扫描速

度）水平刻度值读数的适当位置，为准确地进行缺陷检测做准备。

在实际检测时，对薄钢板焊缝常用水平距离调节法；对厚钢板焊缝常用深度调节法来完成扫描速度的调节。

检测灵敏度是衡量超声波在某最大声程处所能扫描到的规定尺寸缺陷的能力。在实际检测时，扫描灵敏度至少应比基准灵敏度（判伤灵敏度）高6dB，以保证发现缺陷。

3. 检测方法

（1）平板对接接头的检测

① 为检测纵向缺陷，原则上采用一种 K 值探头在对接接头的单面双侧进行检测。母材厚度大于46mm时，采用双面双侧检测。如受几何条件限制，也可在对接接头双面单侧或单面双侧采用两种 K 值探头进行检测。斜探头应垂直于焊缝中心线放置在检测面上。作锯齿形扫查（见图9-24）。探头前后移动的范围应保证扫查到全部对接接头截面。在保持探头垂直焊缝作前后移动的同时，还应作10°～15°的左右转动。

② 为检测焊缝及热影响区的横向缺陷，应进行平行和斜平行扫查。检测时，可在对接接头两侧边缘使探头与焊缝中心线成10°～20°角作两个方向的斜平行扫查（见图9-25）。对接接头余高磨平时，可将探头放在焊缝及热影响区上作两个方向的平行扫查（见图9-26）。

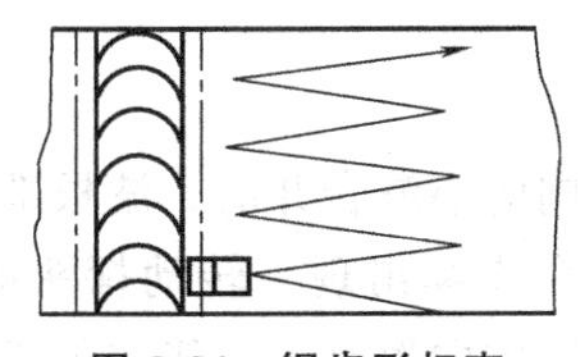

图9-24　锯齿形扫查

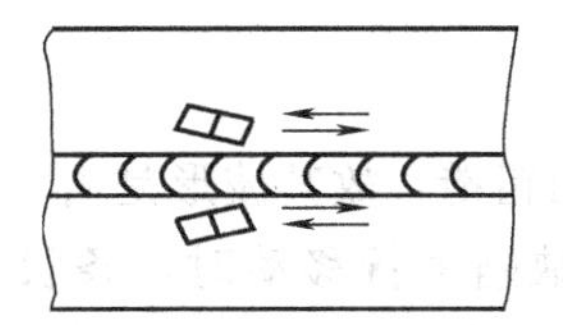

图9-25　斜平行扫查

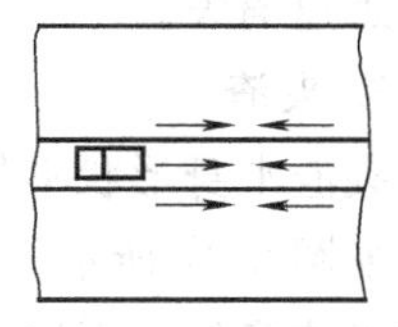

图9-26　平行扫查

③ 确定缺陷的位置、方向和形状，观察缺陷动态波形和区分缺陷信号或伪缺陷信号，可采用前后、左右、转角、环绕等四种探头基本扫查方式，如图9-27所示。

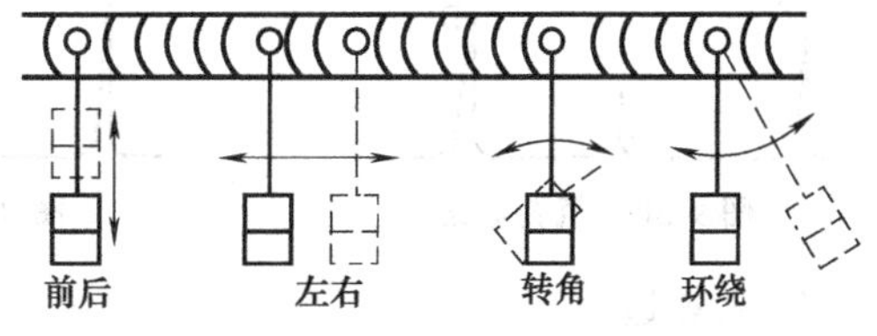

图9-27　四种探头基本扫查方式

（2）曲面工件对接接头的检测

① 环缝检测面为曲面时，加工外径大于600mm，可按平板对接接头的检测方法进行检测。当工件外径小于或等于600mm时，可采用SY/T 4109—2005一组SGB试块，此试块既可作距离-波幅曲线，又可测定探头参数。

② 纵缝检测时，按CSK-ⅡA的形式应作成曲面试块，其曲率半径与检测面曲率半径之差小于10%。

（3）管座角焊缝的检测

在选择检测面和探头时应考虑到各种类型缺陷的可能性，并使声束尽可能垂直于该焊接接头结构的主要缺陷。

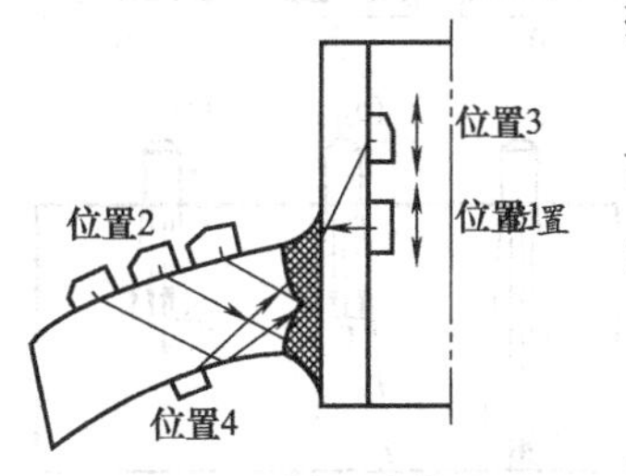

图9-28　插入式管座

根据结构形式，管座角焊缝的检测有如下五种检测方式。可选择其中一种或几种方式组合实施检测。检测方式的选择应由合同双方商定，并应考虑主要检测对象和几何条件限制。

① 在接管内壁采用直探头检测，见图9-28位置1。

② 在容器内壁采用直探头检测，见图9-29位置1。在容器内壁采用斜探头检测，见图9-28位置4。

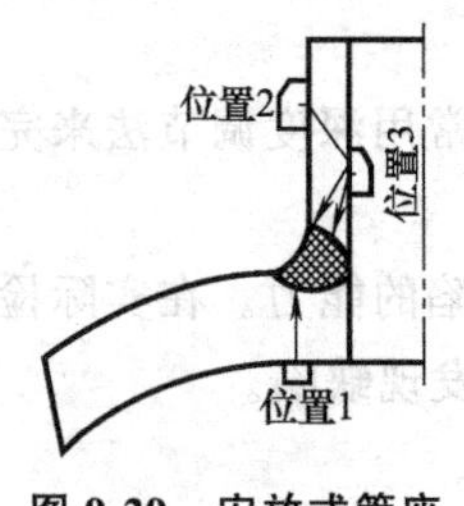

图 9-29 安放式管座

③ 在接管外壁采用斜探头检测，见图 9-29 位置 2。

④ 在接管内壁采用斜探头检测，见图 9-28 位置 3 和图 9-29 位置 3。

⑤ 在容器外壁采用斜探头检测，见图 9-28 位置 2。

管座角焊缝以直探头检测为主，必要时应增加斜探头检测的内容。

二、缺陷特征

1. 气孔

气孔一般是球形，反射面较小，对超声波反射不大，在荧光屏上单独出现一个尖波，波形也比较单纯。当探头绕缺陷转动时，缺陷波高度不变，但探头原地转动时，单个气孔的反射波即迅速消失。而链状气孔则不断出现缺陷波，密集气孔则出现数个此起彼落的缺陷波。单个气孔的波形如图 9-30 所示。

2. 裂纹

裂纹的反射面积比气孔大，而且较为曲折，用斜探头探伤时荧光屏上往往出现锯齿较多的尖波，如图 9-31 所示。若探头此时沿缺陷长度方向平行移动，波形中锯齿变化很大，波高也有些变化。当探头平移一段距离后波高才逐渐降低至消失。但当探头绕缺陷转动时，缺陷波迅速消失。

3. 夹渣

夹渣本身形状不规则，表面粗糙，故其波形是由一串高低不同的小波合并的，波根部较宽，如图 9-32 所示。当探头沿缺陷平行移动时，条状夹渣的波会连续出现。转动探头时，波高迅速降低。而块状夹渣在较大的范围内都有缺陷波，且在不同方向探测时，能获得不同形状的缺陷波。

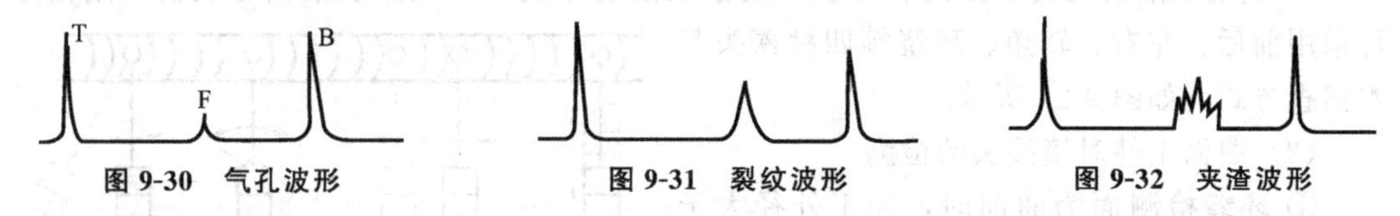

图 9-30 气孔波形　　图 9-31 裂纹波形　　图 9-32 夹渣波形

4. 未焊透

未焊透的波形基本上和裂纹波形相似，不同的是没有裂纹波形那么多锯齿。当未焊透伴随夹渣时，与裂纹区别才较显著，因为这时兼有夹渣的波形。当斜探头沿缺陷平移时，在较大的范围内存在缺陷波。当探头垂直焊缝移动时，缺陷波消失的快慢取决于未焊透的深度。

5. 未熔合

未熔合多出现在母材与焊缝的交界处，其波形基本上与未焊透相似，但缺陷范围没有未焊透那样大。

三、焊缝质量评定

纵波法是采用直探头将声束垂直入射工件探伤面进行检测的方法，简称垂直法。当直探头在无缺陷工件上移动时，则检测仪的荧光屏上只有始波 A 和底波 B，如图 9-33（a）所示；若探头移到有缺陷处，且缺陷的反射面比声束小，则荧光屏上出现始波 A、缺陷波 F 和底波 B，如图 9-33（b）所示；若探头移到大缺陷处（缺陷比声束大），则荧光屏上

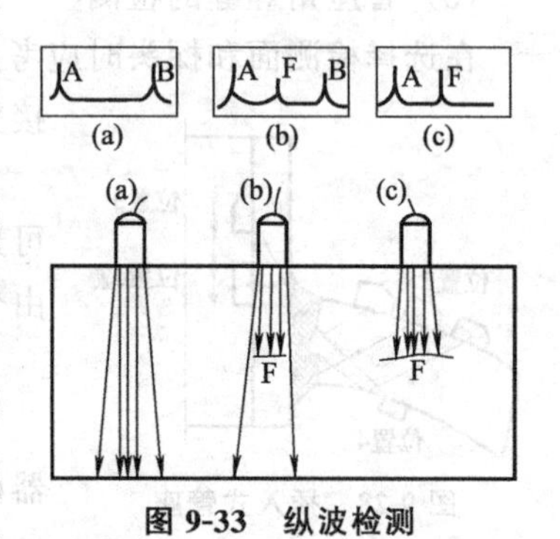

图 9-33 纵波检测

只出现始波 A 和缺陷波 F，如图 9-33（c）所示。纵波法易于发现与探伤面平行或近于平行的缺陷。

横波法是采用斜探头将声束倾斜入射工件检测面进行检测的方法，简称斜射法。当斜探头在无缺陷检测面上移动时，由于声束倾斜入射到底面产生反射后，在工件内以“W”形路径传播，故没有底波出现，荧光屏上只有始波 T，如图 9-34（a）所示；当工件存在缺陷而缺陷与声束垂直或倾斜角很小时，声束就会被反射回来，在荧光屏上出现始波 T 和缺陷波 F，如图 9-34（b）所示；当探头在无缺陷面上移动至接近板端时，则声束将被端角反射回来，在示波屏上出现始波 T 和板端反射波 B，如图 9-34（c）所示。

根据 GB 11345《钢焊缝手工超声波探伤方法和探伤结果分级》，焊缝的超声波检测结果分为四级，评定时要依据距离-波幅曲线（DAC）图（见图 9-35）。

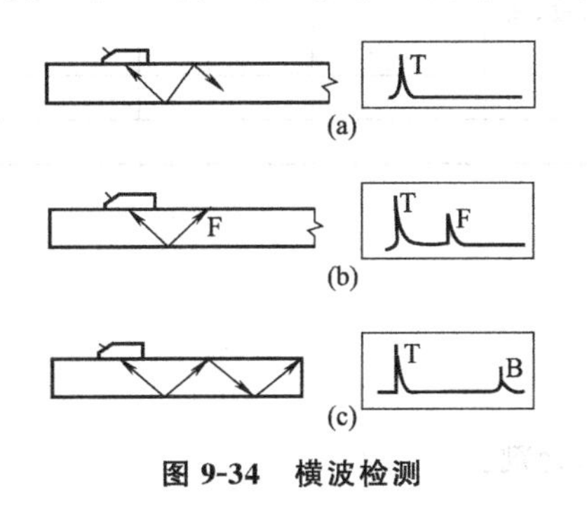

图 9-34　横波检测

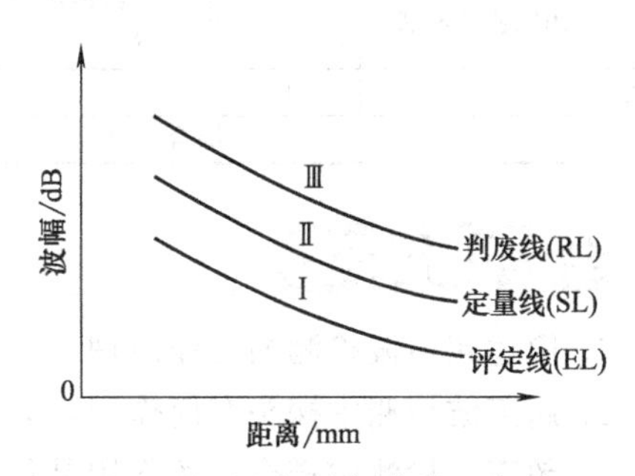

图 9-35　距离-波幅曲线示意图

① 最大反射波幅位于 DACⅡ区的缺陷，根据缺陷指示长度按表 9-3 的规定予以评级。

② 最大反射波幅不超过评定线的缺陷，均评为Ⅰ级。

③ 最大反射波幅位于Ⅰ区的非裂纹性缺陷，均评为Ⅰ级。

④ 最大反射波幅超过评定线的缺陷，若检验者判定为裂纹类的危害性缺陷时，无论其波幅和尺寸如何，均评定为Ⅳ级。

⑤ 最大反射波幅位于Ⅲ区的缺陷，无论其指示长度如何，均评定为Ⅳ级。

⑥ 不合格的缺陷应予以返修。返修区域修补后，返修部位及补焊受影响的区域应按原检测条件进行复检。复检部位的缺陷亦应按缺陷评定要求评定。

超声波质量评级见表 9-3。

表 9-3　超声波质量评级

评定等级 \ 板厚/mm \ 检测等级	A	B	C
	8～50	8～300	8～300
Ⅰ	2δ/3，但最小 12	δ/3，但最小 10，最大 30	δ/3，但最小 10，最大 20
Ⅱ	3δ/4，但最小 12	2δ/3，但最小 12，最大 50	δ/2，但最小 10，最大 30
Ⅲ	δ，但最小 20	3δ/4，但最小 16，最大 75	2δ/3，但最小 12，最大 50
Ⅳ	超过Ⅲ级者		

注：1. δ 为坡口加工侧母材板厚，厚度不同时，以较薄侧为准。

2. 管座角焊缝 δ 为焊缝截面中心线高度。

【考核评价】

任务二 考核评价表

序号	考评项目	分值	考核办法	教师评价（60%）	组长评价（20%）	学生评价（20%）
1	学习态度	20	出勤率、听课态度、实训表现			
2	学习能力	10	回答问题、获取信息、制定及实施工作计划			
3	操作能力	50	1. 超声波检测前准备(10分) 2. 超声波检测操作(20分) 3. 超声波检测缺陷评定(10分) 4. 安全文明生产情况(10分)			
4	团队协作精神	20	小组内部合作情况、完成任务质量、速度等			
合计		100				
			综合得分			

【思考与练习】

1. 简述超声波检测的工作原理？
2. 超声波检测中探头有何作用，如何选择？
3. 超声波检测中耦合剂的作用是什么，如何选择耦合剂？
4. 简述超声波检测的工艺是什么？
5. 超声波检测对焊缝质量如何进行分级？

任务三 压力容器的磁粉检验

【学习任务单】

学习领域	压力容器的制造安装检测	
学习情境九	压力容器的质量检验	
学习任务三	压力容器的磁粉检验	课时:6学时
学习目标	1. 知识目标 (1)了解压力容器磁粉检验方法。 (2)熟悉压力容器磁粉检验工具。 (4)熟悉压力容器磁粉检验工艺过程。 2. 能力目标 能够正确使用磁粉检测工具对容器表面质量进行检验。 3. 素质目标 (1)培养学生磁粉检测的操作能力。 (2)培养学生质量控制意识。 (3)培养学生工作责任心	
一、任务描述 压力容器制造过程是通过检验来对其制造质量进行符合性的定性，是否达到设计及标准、规范要求，其中磁粉检验方法也是常用的方法之一，本项目的学习任务是掌握磁粉检验方法，以及相关检验过程。 二、相关材料及资源 1. 教材。 2. 压力容器样品。		

3. 检测工具：磁粉探伤仪等。
4. 相关视频材料。
5. 教学课件。

三、任务实施说明

1. 学生分组，每小组 5～6 人。
2. 小组进行任务分析和资料学习。
3. 现场教学。
4. 小组讨论，认真阅读使用说明书及相关检验规程。
5. 小组合作，使用相关磁粉检验手段实际检验操作。
6. 检查、评价。

四、任务实施要点

1. 清除探测试件表面上影响电磁感应的杂物。
2. 将磁轭放在磁力称量试板上，调节磁化电流使磁轭提升力达到标准规定值。
3. 将磁轭放在检测焊缝部位，灵敏度试片上刻槽的一面紧贴被检件焊缝边缘平坦表面。
4. 施加磁化场和磁悬液，注意通电时间、次数和操作程序。
5. 观察分析磁痕形态，并照相做好记录。
6. 在同区域以近似垂直的方向再进行磁化检查，并观察分析磁痕，照相记录。
7. 对检测部位进行退磁处理

磁粉检测用来检查磁性材料零件或焊缝的表面和接近表面的缺陷，如表面的裂纹或未焊透等。通常用铁磁粉来显示缺陷，所以称为磁粉探伤。磁粉探伤机如图 9-36 所示。奥氏体钢或其他非磁性材料零件不能用磁力擦伤法来检查缺陷。

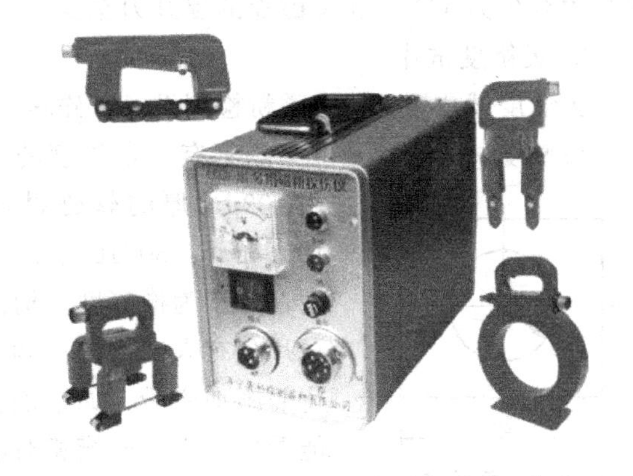

图 9-36　磁粉探伤机

【相关知识】

一、磁粉检测（MT）原理

工件磁化后，磁力线将以均匀的平行线形式分布。遇有未焊透、夹渣或裂纹等缺陷时，磁力线将会绕过磁导率低的节穴（缺陷），发生磁力线弯曲，部分磁力线还可能泄漏到外面空间里，形成局部漏磁通，如图 9-37 所示。这种漏磁通产生于工件表面缺陷部位，漏磁场处铁粉被吸收而发生集聚。根据铁粉集聚的部位、大小和形状可直接判断缺陷的部位和大小。

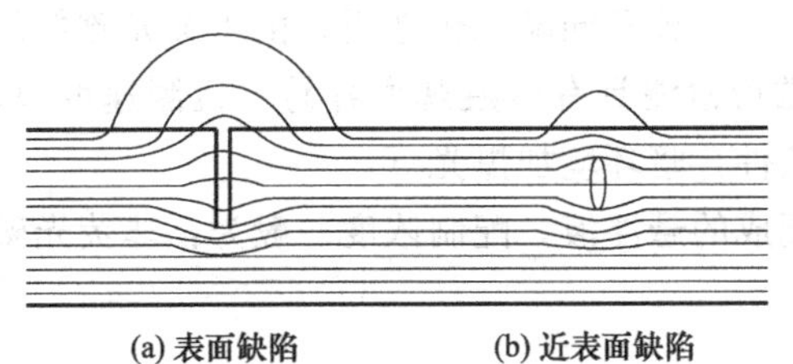

图 9-37　磁粉检测原理

缺陷与磁力线垂直时显示得最清楚，而平行时则显示不出来。而且缺陷分布与磁力线平行或位于工件内部深处则无法发现，所以磁粉检测法只能进行表面或近表面的检测。

为了检测出处于各种位置的缺陷，应对工件进行多方位的磁化。按磁力线与焊缝的相对位置可分为纵向磁化、横向磁化、环向磁化、平行磁化及复合磁化等。

为了使磁场具有足够的吸附磁粉的能力，必须根据工作人员的经验选择磁化规范。但在工作中所产生的磁感应强度不但与磁化电流有关，还与工件的磁导率、尺寸、形状和材质有关，所以要选择一个最佳的磁化规范是一件比较困难的事情，为此国内外近几年来发展了磁粉检测的灵敏度试片。使用它可以正确确定工件的磁化电流，衡量磁粉检测灵敏度，判断检测仪器性能的好坏以及检测方法是否正确。

二、磁粉检测优点和局限性

① 适宜铁磁材料探伤，不能用于非铁磁材料检验。

② 可以检出表面和近表面缺陷，不能用于检查内部缺陷。

③ 检测灵敏度很高，可能发现细小的裂纹以及其他缺陷。

④ 检测成本很低，速度快。

⑤ 工件形状和尺寸有时对探伤有影响，因其难以磁化而无法探伤。

三、磁粉检测设备器材

1. 磁粉探伤机

磁粉探伤机可分为固定式、移动式、携带式 3 类。其中携带式检测机体积小、重量轻，适合野外和高空作业，多用于锅炉压力容器焊缝和大型工件局部检测，最常使用的是电磁轭检测机。电磁轭检测机是一个绕有线圈的 U 形铁芯，当线圈中通过电流，铁芯中产生大量磁力线，轭铁放在工件上，两极之间的工件局部被磁化，轭铁两极可做成活动式的，极间距离和角度可调，磁化强度是磁轭能吸起的铁块重量，称为提升力，标准要求交流电单磁轭的提升力至少为 44N，交叉磁轭的提升力至少为 118N，直流电磁轭的提升力至少为 177N。

2. 灵敏度试片

灵敏度试片用于检查磁粉检测设备、磁粉、磁悬液的综合性能。

灵敏度试片通常是由一侧刻有一定深度的直线和圆形细槽的薄铁片制成。A 型试片是用 100μm 厚的软磁材料制成，如图 9-38 所示。型号有 1＃：15/100、2＃：30/100、3＃：60/1003 种。数字含义为：分母为铁片厚度，分子为槽深度。槽深度越浅，显示的灵敏度越高。使用时，将试片刻有人工槽的一侧与被测工件表面贴紧。然后，对工件进行磁化并施加磁粉，如果磁化方法、规范、选择得当，在试片表面上应能看到与人工刻槽相对应的清晰显示。

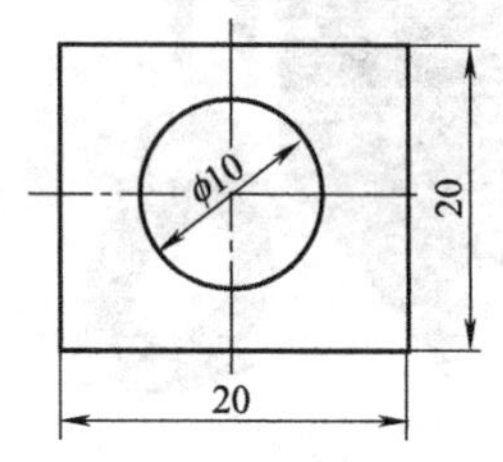

图 9-38　灵敏度试片

3. 磁粉和磁悬液

磁粉是具有高磁导率和低剩磁的四氯化三铁或三氧化二铁粉末。湿法磁粉平均粒度为 2～10μm，干法磁粉平均粒度不大于 90μm。按加入的染料可将磁粉分为荧光磁粉和非荧光磁粉，非荧光磁粉有黑、红、白几种不同颜色供选用。由于荧光磁粉的显示对比度比非荧光磁粉高得多，所以采用荧光磁粉检测具有磁痕观察容易、检测速度快、灵敏度高的优点。但荧光磁粉检测需要一些附加条件：暗环境加黑光灯。

磁悬液是以水或煤油为分散介质，加入磁粉配成的悬浮液，配制浓度一般为：非荧光磁粉为 10～20g/L，荧光磁粉为 1～3g/L。

【相关技能】

磁粉检测程序与要求

磁粉检测操作一般包括以下几个步骤：预处理、磁化和施加磁粉、观察、记录以及后处理（包括退磁）等。

1. 预处理

把试件表面的油脂、涂料以及铁锈等除掉，以免妨碍磁粉附着在缺陷上。用干磁粉时还应使试件表面干燥。组装的部件要一件一件地拆开后进行检测。

2. 磁化

首先，在确定磁化电流的种类与方向。一般干法用直流电，湿法用交流电效果较好。应尽可能使磁场方向与缺陷分布方向垂直。在焊缝磁粉检测中，为得到较高的探测灵敏度，通常在被探件上至少进行两个近似相互垂直方面的磁化。

最常用的磁化方法是磁轭法，其按磁力线方向分类为纵向磁化。其示意如图 9-39 所示。

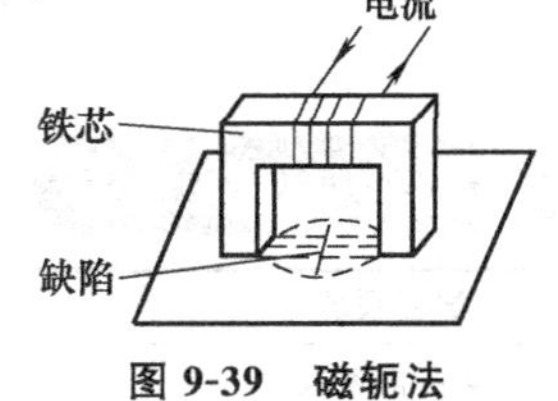

图 9-39　磁轭法

3. 施加磁粉

按所选的干法或湿法施加干粉或磁悬液。

磁粉的喷洒时间，按连续法和剩磁法两种施工方式。连续法是在磁化工件的同时喷施磁粉，磁化一直延续到磁粉施工完成为止。而剩磁法则在磁化工件之后才施加磁粉。

采用干法检验时，应将干粉喷成雾状；湿法检验时，磁悬液应充分搅拌后喷撒。

4. 观察与记录

对磁痕迹的观察是在施加磁粉后进行的，用非荧光磁粉检测时，在光线明亮的地方，用自然的日光和灯光进行观察；而用荧光磁粉检测时，则在暗室等暗处用紫外线灯进行观察。在磁粉检测中，肉眼见到磁粉堆集，简称磁痕，但不是所有的磁痕都是缺陷，形成磁痕的原因很多，所以对磁痕必须进行分析判断，把假磁痕排除掉，有时还需要用其他检测方法（如渗透检测法）重新检测进行验证。

为了记录磁痕迹，可采用照相或用透明胶带粘下备查，这样的记录具有简便、直观的优点。

5. 后处理

检测完后，根据需要，应对工件进行退磁、除去磁粉和防锈处理。进行退磁处理的原因是因为剩磁可能造成工件运行受阻和加大了零件的磨损，尤其是转动部件经磁粉检测后，更应进行退磁处理。退磁时，一边使磁场反向，一边降低磁场强度。

【考核评价】

任务三　考核评价表

序号	考评项目	分值	考核办法	教师评价（60%）	组长评价（20%）	学生评价（20%）
1	学习态度	20	出勤率、听课态度、实训表现			
2	学习能力	10	回答问题、获取信息、制定及实施工作计划			
3	操作能力	50	1. 磁粉检验前准备(10 分) 2. 磁粉检验操作(20 分) 3. 磁粉检验结果及记录(10 分) 4. 安全文明生产情况(10 分)			
4	团队协作精神	20	小组内部合作情况、完成任务质量、速度等			
合计		100				
综合得分						

【思考与练习】

1. 简述磁粉检测的原理是什么？

2. 简述磁粉检测的优点与局限性是什么？

3. 简述磁粉检测的检测步骤？

任务四 压力容器的渗透检验

【学习任务单】

<table>
<tr><td>学习领域</td><td colspan="2">压力容器的制造安装检测</td></tr>
<tr><td>学习情境九</td><td colspan="2">压力容器的质量检验</td></tr>
<tr><td>学习任务四</td><td>压力容器的渗透检验</td><td>课时:4学时</td></tr>
<tr><td>学习目标</td><td colspan="2">1. 知识目标
(1)了解压力容器渗透检验方法。
(2)熟悉压力容器渗透检验工具。
(3)熟悉压力容器渗透检验过程。
2. 能力目标
能够正确使用渗透检测工具对容器表面质量进行渗透检验。
3. 素质目标
(1)培养学生渗透检测的操作能力。
(2)培养学生质量控制意识。
(3)培养学生工作责任心</td></tr>
<tr><td colspan="3">一、任务描述
压力容器制造过程是通过检验来对其制造质量进行符合性的定性，是否达到设计及标准、规范要求，其中渗透检验方法也是常用的方法之一，本项目的学习任务是掌握渗透检验方法以及相关检验过程。
二、相关材料及资源
1. 教材。
2. 压力容器样品。
3. 检测工具:渗透探伤剂等。
4. 相关视频材料。
5. 教学课件。
三、任务实施说明
1. 学生分组，每小组5～6人。
2. 小组进行任务分析和资料学习。
3. 现场教学。
4. 小组讨论，认真阅读使用说明书，及相关渗透检验规程。
5. 小组合作，使用相关渗透检验手段实际检验操作。
6. 检查、评价。
四、任务实施要点
1. 对待检表面进行表面清洗。
2. 向待检表面喷施渗透剂，等待10～15min。
3. 用清洗剂将表面清洗干净，使用洁净布对其表面擦拭，擦拭时方向要一致。
4. 将显像剂摇匀，并向表面喷施显像剂，等待10～15min。
5. 对显像结果进行观察与记录</td></tr>
</table>

渗透检测是利用液体的毛细现象检测非松孔性固体材料表面开口缺陷的一种无损检测方法。在装备制造、安装、在役和维修过程中，渗透检测是检验焊接坡口、焊接接头等是否存在缺陷的有效方法之一。使用的渗透探伤剂包括清洗剂、渗透剂、显像剂（图 9-40）。

【相关知识】

一、渗透检测（PT）原理

当被检工件表面存在有细微的肉眼难以观察到的裸露开口缺陷时，将含有有色染料或者荧光物质的渗透剂，用浸、喷或刷涂方法涂覆在被检工件表面，保持一段时间后，渗透剂在

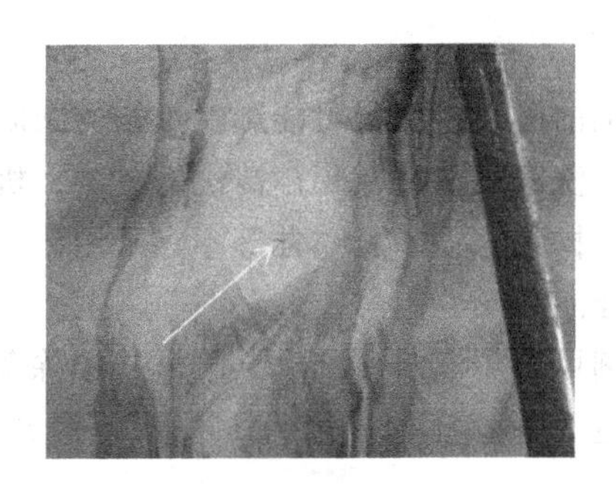

图 9-40　渗透探伤剂及渗透探伤显示结果

存在缺陷处的毛细作用下渗入表面开口缺陷的内部，然后用清洗剂除去表面上滞留的多余渗透剂，再用浸、喷或刷涂方法在工件表面上涂覆薄薄一层显像剂。经过一段时间后，渗入缺陷内部的渗透剂又将在毛细作用下被吸附到工件表面上来，若渗透剂与显像剂颜色反差明显（如前者多为红色，后者多为白色）或者渗透剂中配制有荧光材料，则在白光下或黑光灯下，很容易观察到放大的缺陷显示（图 9-40）。

当渗透剂和显像剂中配以不同颜色的染料来显示缺陷时，通常称为着色渗透检测（着色检测、着色探伤）。当渗透剂中配以荧光材料时，在黑光灯下可以观察到荧光渗透剂对缺陷的显示，通常称为荧光渗透检测（荧光检测、荧光探伤）。因此，渗透检测是着色检测和荧光检测的统称。其基本检测原理是相同的。渗透检测基本操作过程如图 9-41 所示。

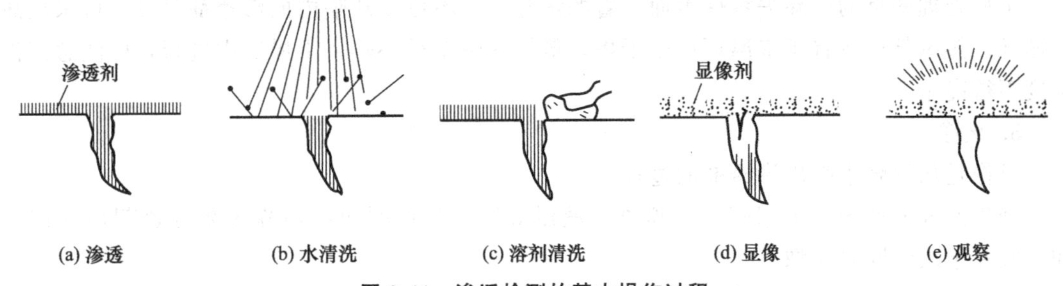

图 9-41　渗透检测的基本操作过程

二、渗透检测的应用特点

渗透检测是常用的一种表面开口缺陷检测方法。适用于大部分非多孔材料的检测。如各种金属、非金属材料裂纹、气孔、夹杂物、疏松及针孔等缺陷检测。但只限于检出表面开口缺陷，不适用于多孔型材料的表面检测。

渗透检测设备简单、操作简便、显示缺陷直观、应用广泛。不受被检物的形状、大小、组织结构、化学成分和缺陷方向的限制，一次检测可以检测表面各方向的开口缺陷。渗透检测缺陷显示直观，检测灵敏感度高，可检测出工件表面微米尺寸的缺陷。

渗透检测不能判断缺陷的深度和缺陷在工件内部的走向，对表面过于粗糙或多孔型材料无法检测。操作方法虽然简单，但难以定量控制，操作者的熟练程度对检测结果影响很大。

其使用的探伤液剂有较大气味，常有一定的毒性。

【相关技能】

一、渗透检测操作步骤

渗透检测的基本步骤为：预处理、渗透和乳化、清洗、干燥、显像、观察与后处理。

1. 预处理

施加渗透剂前必须将所有可能影响探伤的杂质、污物清洗干净。预处理可采用碱洗、酸洗、蒸汽清洗、洗涤剂清洗及超声清洗等方法。机械清洗可能堵塞表面缺陷的开口、降低探伤效果，如锉、抛光、喷砂、喷丸等不宜采用。

2. 渗透和乳化

施工渗透剂可采用液浸、刷涂、喷淋或喷涂等方法。渗透探伤时温度应在 15～35℃范围内，不应超过 52℃。工作温度为 15℃时，渗透时间为 5～3min。施工渗透剂后应进行排液处理。

后乳化型渗透剂处理后，采用适量乳化剂乳化多余渗透剂。乳化作用时间一般取 0.5～3min。

3. 清洗

水洗型渗透剂渗透后及乳化型渗透剂渗透并乳化后的水清洗，在洗掉工件表面多余渗透剂的同时要保证缺陷内的渗透剂保留下来。可用手动、半自动、自动喷水器或水浸装置清洗。ASTM 标准规定冲洗时水压恒定，不得超过 345kPa（平均值为 207kPa），建议冲洗水温度相对恒定，一般在 16～43℃温度范围内，清洗较为有效。

施加溶剂去除型渗透剂后，用蘸有溶剂（清洗剂）的不起毛材料将渗透剂擦净；应避免使用过量溶剂，禁止用溶剂冲洗表面。

4. 干燥

干燥处理的目的是除去零件表面附着的水分，但不可使缺陷内的渗透剂蒸发。可采用热风循环、热风鼓风或置于室温环境中干燥，最好在恒温循环热风干燥器中进行，应注意工件温度不得高于 52℃。

5. 显像

显像是从缺陷中吸出渗透剂的过程。

施工湿式显像剂可采用喷涂、喷淋、液浸等法，显像剂应在清除多余渗透剂后立即施加，并在干燥的同时显像。

干式显像剂应在工件干燥后施加，可将工件埋入显像剂容器或流动床身中，也可用手动喷粉装置或喷枪。显像剂使用前应充分搅拌、晃动均匀，显像剂喷涂要薄而均匀。显像时间取决于显像种类、缺陷大小及被检工件温度，一般不少于 7min。

6. 观察与后处理

(1) 观察显示痕迹

应在显像剂施工后 7～60min 内进行，观察时非荧光渗透剂检测工件表面可见光照度应大于 500lx，荧光渗透检测时，暗处的可见光亮度不大于 20lx，当出现显示痕迹时，必须确定痕迹是真缺陷还是假缺陷，必要时用 5～10 倍放大镜进行观察或进行复验。

出现下列情况之一时，需进行复检，并按上述程序进行。

① 检测结束时，用对比试块验证渗透剂已失效。

② 发现检测过程中操作方法有误或技术条件改变时。

③ 合同各方有争议或认为有必要时。

④ 经返修后的部位。

(2) 后处理

检测结束后，为防止残留的显像剂腐蚀被检工件表面或影响其使用，应清除残余显像剂，清除方法可用刷洗、水洗、布或纸擦除等方法。

二、渗透检测的安全管理

渗透检测所用的检测剂，几乎都是油类可燃性物质。喷罐式检测剂有时是用强燃性丙烷充装的，使用这种检测剂时，要特别注意防火，它是属于消防法规定的危险品，因此，必须遵守有关法规规定的储存和使用要求。

渗透检测所用的检测剂一般是无毒或低毒的，但是如果人体直接接触和吸收渗透剂、清洗剂等，有时会感到不舒服，会出现头痛和恶心。尤其是在密封的容器内或室内检测时，容易聚集挥发性的气体和有毒气体，所以必须进行充分的通风。关于有机溶剂的使用，应根据有机溶剂预防中毒的规则，限定工作环境有机溶剂浓度。

在规定波长范围内的紫外线对眼睛和皮肤是无害的，但必须注意，如果长时间地直接照射眼睛和皮肤，有时会使眼睛疲劳和灼红皮肤，所以检测操作时，必须注意眼睛和皮肤的保护。

【考核评价】

任务四　考核评价表

序号	考评项目	分值	考核办法	教师评价（60%）	组长评价（20%）	学生评价（20%）
1	学习态度	20	出勤率、听课态度、实训表现			
2	学习能力	10	回答问题、获取信息、制定及实施工作计划			
3	操作能力	50	1. 渗透检验前准备（10分） 2. 渗透检验操作（20分） 3. 渗透检验结果及记录（10分） 4. 安全文明生产情况（10分）			
4	团队协作精神	20	小组内部合作情况、完成任务质量、速度等			
合计		100				
综合得分						

【思考与练习】

1. 简述渗透检测的原理是什么？
2. 简述渗透检测的检测步骤？

参考文献

[1] GB 150—2011 压力容器.

[2] 邹广华，刘强编著．过程装备制造与检测．北京：化学工业出版社，2003.

[3] 《压力容器实用技术丛书》编写委员会主编．压力容器制造和修理．北京：化学工业出版社，2004.

[4] 王志斌主编．压力容器结构与制造．北京：化学工业出版社，2009.

[5] 翟洪绪编著．实用铆工手册．北京：化学工业出版社，1998.

[6] 中国机械工程学会焊接学会编．焊接手册——焊接方法及设备．北京：机械工业出版社，2002.

[7] 张子荣，时炜，郑华编．简明焊接材料选用手册．北京：机械工业出版社，1999.

[8] 化学工业部人事教育司，化学工业部教育培训中心编．焊接工艺．北京：化学工业出版社，1997.

[9] 王宏新主编．压力容器制造质量控制．沈阳：辽宁省锅炉压力容器特种设备安全技术协会，2010.

[10] 周震，刘金山主编．焊工．沈阳：东北大学出版社，1995.

[11] 王文友主编．过程装备制造工艺．北京：中国石化出版社，2009.

[12] 朱方鸣主编．化工机械制造技术．北京：化学工业出版社，2005.

[13] 王春林，庞春虎主编．化工设备制造技术．北京：化学工业出版社，2009.

[14] 《石油化工固定式压力容器制造工程》编委会主编．石油化工固定式压力容器制造工程．北京：石油工业出版社，2011.

[15] TSG R0004—2009 固定式压力容器安全技术监察规程．北京：中华人民共和国国家质量监督检验检疫总局，2009.

[16] 谢铁军，寿比南，王晓雷，李军主编．TSG R0004—2009《固定式压力容器安全技术监察规程》释义．北京：新华出版社，2009.

[17] 《压力容器实用技术丛书》编写委员会．压力容器检验及无损检测．北京：化学工业出版社，2006.

[18] 全国锅炉压力容器标准化技术委员会委托编写，强天鹏主编．JB/T 4730.1～6—2005 承压设备无损检测学习指南．北京：新华出版社，2005.